全国中等职业学校电工类专业通用

全国技工院校电工类专业通用（中级技能层级）

电工仪表与测量课教学设计方案

——与《电工仪表与测量（第六版）》配套

肖　俊　主编

中国劳动社会保障出版社

简介

本书是全国中等职业学校电工类专业通用教材 / 全国技工院校电工类专业通用教材（中级技能层级）《电工仪表与测量（第六版）》的配套用书，供教师在教学中使用。本书按照教材章节顺序编写，书中每节均提供“教案首页”和“教学活动”两部分内容，“教案首页”明确本节的教学目标、教学重难点、授课方法、教学思路和建议等，“教学活动”包括教学过程与教学内容、教师活动、学生活动等内容。全书的内容安排体现教材的编写意图，力求为教师授课提供多方面的帮助。教师可结合教学实际情况和学生特点，在本教学设计方案的“授课进度计划表”“教案首页”“教学活动”的空白处增加、补充内容。

本书由肖俊任主编，孙鼎敏任副主编，何文燕、陈晨、王莹、周明参加编写，陈惠群任主审。

图书在版编目（CIP）数据

电工仪表与测量课教学设计方案：与《电工仪表与测量（第六版）》配套 / 肖俊主编 .-- 北京：中国劳动社会保障出版社，2022

全国中等职业学校电工类专业通用　全国技工院校电工类专业通用 . 中级技能层级

ISBN 978-7-5167-5358-3

Ⅰ. ①电…　Ⅱ. ①肖…　Ⅲ. ①电工仪表 – 教学设计 – 中等专业学校②电气测量 – 教学设计 – 中等专业学校　Ⅳ. ①TM93

中国版本图书馆 CIP 数据核字（2022）第 089347 号

中国劳动社会保障出版社出版发行

（北京市惠新东街 1 号　邮政编码：100029）

*

北京市科星印刷有限责任公司印刷装订　　新华书店经销

787 毫米 ×1092 毫米　16 开本　16.5 印张　314 千字

2022 年 6 月第 1 版　　2022 年 6 月第 1 次印刷

定价：34.00 元

读者服务部电话：（010）64929211/84209101/64921644

营销中心电话：（010）64962347

出版社网址：http://www.class.com.cn

http://jg.class.com.cn

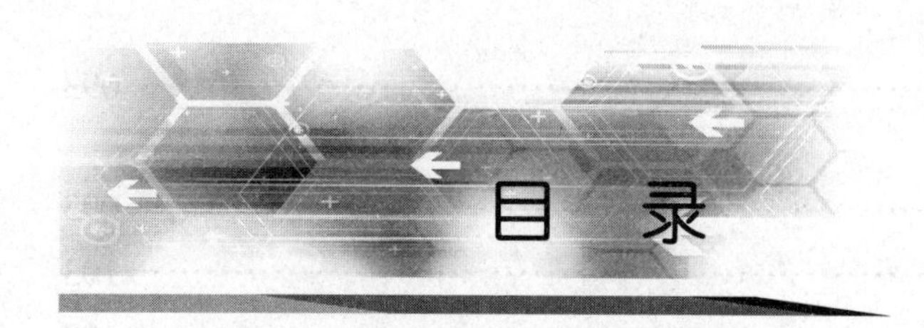

目　录

电工仪表与测量课授课进度计划表

序号	周次	授课日期	课时	名　称	合计课时
绪　论					
1			1	绪论	1
第一章　电工仪表与测量的基本知识					
2			2	电工测量和常用电工仪表常识	9
3			2	电工仪表的误差和准确度	
4			1	测量误差及其消除方法	
5			2	电工仪表的组成	
6			2	电工仪表的技术要求	
第二章　直流电流和直流电压的测量					
7			2	指针式直流电流表与电压表 1	10
8			2	指针式直流电流表与电压表 2	
9			2	数字式电压基本表	
10			2	数字式直流电压表与电流表	
11			2	用电流表和电压表测量直流电路的参数	
第三章　交流电流和交流电压的测量					
12			2	指针式交流电流表与电压表 1	16
13			2	指针式交流电流表与电压表 2	
14			2	数字式交流电压表与电流表	
15			2	用电流表和电压表测量交流电路的参数	
16			2	仪用互感器	
17			2	用电流互感器配合交流电流表测量交流电流	
18			2	钳形电流表	
19			1	用钳形电流表测量三相交流异步电动机的电流	
20			1	电流表和电压表的选择	

序号	周次	授课日期	课时	名　称	合计课时
				第四章　万用表	
21			2	模拟式万用表 1	14
22			2	模拟式万用表 2	
23			2	模拟式万用表的使用	
24			2	数字式万用表 1	
25			2	数字式万用表 2	
26			2	数字式万用表的使用	
27			1	用万用表测量电阻、电压和电流	
28			1	万用表其他功能的应用	
				第五章　电阻的测量	
29			2	电阻测量方法的分类	20
30			2	直流单臂电桥和直流低电阻测试仪 1	
31			2	直流单臂电桥和直流低电阻测试仪 2	
32			2	用直流单臂电桥和直流低电阻测试仪测量直流电阻	
33			2	兆欧表和绝缘电阻测试仪 1	
34			2	兆欧表和绝缘电阻测试仪 2	
35			2	用兆欧表和绝缘电阻测试仪测量绝缘电阻	
36			2	接地电阻测试仪 1	
37			2	接地电阻测试仪 2	
38			2	用接地电阻测试仪测量接地装置的接地电阻	
				第六章　电功率的测量	
39			2	电动系功率表 1	12
40			2	电动系功率表 2	
41			2	三相功率的测量	
42			2	用电动系功率表测量电路的有功功率	
43			2	数字式功率表	
44			2	用数字式功率表测量电路的有功功率	

<table>
<tr><th>序号</th><th>周次</th><th>授课日期</th><th>课时</th><th>名　称</th><th>合计课时</th></tr>
<tr><td colspan="6">第七章　电能的测量</td></tr>
<tr><td>45</td><td></td><td></td><td>2</td><td>单相电能的测量 1</td><td rowspan="5">10</td></tr>
<tr><td>46</td><td></td><td></td><td>2</td><td>单相电能的测量 2</td></tr>
<tr><td>47</td><td></td><td></td><td>2</td><td>用单相电能表测量电路的电能</td></tr>
<tr><td>48</td><td></td><td></td><td>2</td><td>三相电能的测量</td></tr>
<tr><td>49</td><td></td><td></td><td>2</td><td>用三相电能表测量电路的电能</td></tr>
<tr><td colspan="6">第八章　常用的电子仪器</td></tr>
<tr><td>50</td><td></td><td></td><td>2</td><td>直流稳压电源</td><td rowspan="8">16</td></tr>
<tr><td>51</td><td></td><td></td><td>2</td><td>直流稳压电源的使用</td></tr>
<tr><td>52</td><td></td><td></td><td>2</td><td>函数信号发生器</td></tr>
<tr><td>53</td><td></td><td></td><td>2</td><td>模拟示波器 1</td></tr>
<tr><td>54</td><td></td><td></td><td>2</td><td>模拟示波器 2</td></tr>
<tr><td>55</td><td></td><td></td><td>2</td><td>数字示波器 1</td></tr>
<tr><td>56</td><td></td><td></td><td>2</td><td>数字示波器 2</td></tr>
<tr><td>57</td><td></td><td></td><td>2</td><td>函数信号发生器与示波器的使用</td></tr>
<tr><td colspan="6">合计 108 课时（理论 81 课时，实训 27 课时）</td></tr>
</table>

绪　论

<table>
<tr><th colspan="6">教 案 首 页</th></tr>
<tr><td>序号</td><td>1</td><td>名称</td><td colspan="3">绪论</td></tr>
<tr><td colspan="3">授课班级</td><td colspan="2">授课日期</td><td>授课时数</td></tr>
<tr><td colspan="3" rowspan="2"></td><td colspan="2">年　月　日</td><td>1</td></tr>
<tr><td colspan="2">年　月　日</td><td>1</td></tr>
<tr><td>教学目标</td><td colspan="5">通过本节课的教学，使学生达到以下要求：
1. 了解电工仪表与测量技术的应用。
2. 了解电工仪表的发展概况。
3. 明确本课程的学习任务、内容及方法。</td></tr>
<tr><td>教学重、难点及解决办法</td><td colspan="5">重　　点：本课程的学习任务和内容。
难　　点：本课程的学习方法。
解决办法：介绍本课程的学习内容，重点说明本课程的学习方法。</td></tr>
<tr><td>授课教具</td><td colspan="5">常用电工仪表实物、视频、图片、多媒体教学设备。</td></tr>
<tr><td>授课方法</td><td colspan="5">讲授法，实物展示法。</td></tr>
<tr><td>教学思路和建议</td><td colspan="5">本节课是学习本课程的开始。有条件的院校可以组织学生参观配电房或电工实验室，教师可以在课堂上组织学生观看电工仪表的相关视频。利用学生的好奇心理，采用适当的、有针对性的教学方式，引导学生由浅入深、循序渐进地学习，以达到使学生既对本课程有足够的兴趣，又不会对这门课程产生畏难情绪的目的，为今后新课的学习铺平道路。</td></tr>
<tr><td>审批意见</td><td colspan="5">签字：
年　月　日</td></tr>
</table>

教学活动		
教学过程与教学内容	教师活动	学生活动
【课前准备】 1. 巡查教学环境。 2. 督促学生将手机关机，集中放入手机袋，统一保管。 3. 指导学生自查课堂学习材料的准备情况。 4. 考勤。	督促学生完成课前准备。（课前2 min内）	按要求完成课前准备。
【课前提问】 在我们日常学习和生活中，会遇到哪些电工仪表？请举例说明。	提出问题，请学生作答。（5 min左右）	思考并回答问题。
【教学引入】 教师介绍什么是基础课、什么是专业基础课、什么是专业课，并举例说明。	利用实物和PPT授课。（30 min左右）	听讲，做笔记，回答教师提问，观看教师的实物演示，加深对知识点的理解。
【讲授新课】 **一、电工仪表与测量技术的应用** 在电能的生产、传输、变配，特别是使用过程中，必须通过各种电工仪表对电能的质量及负载运行情况进行测量，并对测量结果进行分析，以保证供电、用电设备和线路可靠、安全、经济地运行。	提示：可以采用直观演示、提问等方式进行。	对新知识进行必要的记录。
二、电工仪表的发展概况 19世纪20年代前后，随着“电流对磁针有力的作用”的发现，人们相继制造出了检流计、惠斯登电桥等最早的电工指示仪表。1895年，世界上第一台感应系电能表被设计、制造了出来。	提示：联系电流的磁效应和电磁感应。	

教学过程与教学内容	教师活动	学生活动
20 世纪 40—50 年代，新材料的出现使电工仪表在准确度方面有了很大提高。20 世纪 50 年代后，电子技术的发展更是为电工仪表的发展提供了有力支持。1952 年，世界上第一只电子管数字式电压表问世；20 世纪 60 年代，0.1 级的磁电系和电动系仪表出现了，晶体管数字式电压表也被生产了出来；20 世纪 70 年代，中、小规模集成电路的数字式电压表被成功研制。近年来，由大规模集成电路、超大规模集成电路构成的测量各种电量的数字式电工仪表也被相继推出。 **三、本课程的学习任务、内容及方法** 1. 主要学习任务、内容包括： 电工仪表与测量的基本知识、直流电流和直流电压的测量、交流电流和交流电压的测量、万用表、电阻的测量、电功率的测量、电能的测量、常用的电子仪器等。 2. 在学习本课程的过程中： 要掌握各种测量机构的构造、工作原理和特点，然后学会在此基础上配合适当的测量线路，组成各种不同类型的电工仪表。 对于电子仪器，主要掌握其组成方框图，了解其各部分的作用。 除要重视课堂上的直观实物教学外，还要重视本课程与生产实习课的密切结合。 **【课堂小结】** 带领学生围绕以下问题，对本节课所学内容进行小结。 1. 电工仪表测量的对象有哪些？ 2. 怎样才能学好本课程？	简明扼要地回顾本节课所学的知识要点，突出本节课的知识重点和难点。（3 min 左右）	听讲，做笔记。有问题可以现场提问。

教学过程与教学内容	教师活动	学生活动
【课后作业】 用手机拍摄学习和生活中使用的各种仪表，并将照片发到班级群里。	发布本节课的作业，提醒学生需要注意之处。（2 min左右）	若有问题可以课后咨询。

第一章
电工仪表与测量的基本知识

§1-1 电工测量和常用电工仪表常识

<table>
<tr><td colspan="5">教 案 首 页</td></tr>
<tr><td>序号</td><td>2</td><td>名称</td><td colspan="2">电工测量和常用电工仪表常识</td></tr>
<tr><td colspan="3">授课班级</td><td>授课日期</td><td>授课时数</td></tr>
<tr><td colspan="3"></td><td>年 月 日</td><td>2</td></tr>
<tr><td colspan="3"></td><td>年 月 日</td><td>2</td></tr>
<tr><td>教学目标</td><td colspan="4">通过本节课的教学，使学生达到以下要求：
1. 掌握电工测量的概念和常用的电工测量方法。
2. 掌握常用电工仪表的分类方法和标志符号。
3. 能正确识别电工仪表的型号和标志符号。</td></tr>
<tr><td>教学重、难点及解决办法</td><td colspan="4">重　　点：常用的三种电工测量方法。
难　　点：间接测量法。
解决办法：对于电工测量方法，应多举例说明，分析三种方法的异同点，增加学生对其的理解。</td></tr>
<tr><td>授课教具</td><td colspan="4">常用电工仪表实物、视频、图片、多媒体教学设备。</td></tr>
<tr><td>授课方法</td><td colspan="4">讲授法，直观演示法，实物展示法。</td></tr>
<tr><td>教学思路和建议</td><td colspan="4">对于三种电工测量方法，用直观演示法教学最便于初学者理解。对于电工仪表的分类的教学，应从模拟式和数字式两大类着手，模拟式介绍目前还在使用的，数字式介绍常用的。将重、难点分解，引导学生加深认识。</td></tr>
<tr><td>审批意见</td><td colspan="4">签字：
年 月 日</td></tr>
</table>

教学活动		
教学过程与教学内容	教师活动	学生活动
【课前准备】 1. 巡查教学环境。 2. 督促学生将手机关机，集中放入手机袋，统　保管。 3. 指导学生自查课堂学习材料的准备情况。 4. 考勤。	督促学生完成课前准备。（课前 2 min 内）	按要求完成课前准备。
【复习提问】 电工仪表测量的对象有哪些？	提出问题，分别请 2 位学生作答。（5 min 左右）	思考并回答问题。
【教学引入】 测量是以确定某一物理量的量值为目的的操作，在这一过程中，往往需要借助专门的仪器和设备，将被测量与同类标准量进行比较，从而获得用数值和单位共同表示的测量结果。测量结果的量值是由数值和计量单位共同组成的，没有计量单位的量值是没有任何意义的。	利用实物和 PPT 授课。（55 min 左右）	听讲，做笔记，回答教师提问，观看教师的实物演示，加深对知识点的理解。
【讲授新课】 **一、电工测量** 电工测量是将被测的电量、磁量或电路参数与同类标准量进行比较，从而确定被测量大小的过程。比较方法不同，测量方法及其引起的测量结果的误差大小也就不同。在电工测量中，除了应根据测量对象正确选择和使用电工仪表，还必须采取合理的测量方法，掌握正确的操作技能，才能尽可能地减小测量误差。	提示：本节课重点的教学可以采用直观演示、提问和举例等方式进行。	对新知识进行必要的记录。
二、常用的电工测量方法 1. 直接测量法 凡能用直接指示的仪表读取被测量数值，而无须度量器参与的测量方法，称为直接测量法。	通过演示电压表测量电压加以说明。	注意观察和记录。

教学过程与教学内容	教师活动	学生活动
优点：方法简便，读数迅速。 缺点：仪表接入被测电路后，会使电路工作状态发生变化，因而这种测量方法的准确度较低。 2. 间接测量法 测量时先测出与被测量有关的电量，通过计算求得被测量数值的方法，称为间接测量法。 优点：在准确度要求不高的一些特殊场合，应用十分方便。 缺点：误差较大。 3. 比较测量法 在测量过程中需要度量器的直接参与，并通过比较仪表来确定被测量数值的方法，称为比较测量法。 优点：准确度高。 缺点：设备复杂，价格较高，操作烦琐。 三、常用电工仪表的分类 1. 指示仪表 指示仪表能将被测量转换为仪表可动部分的机械偏转角，并通过指示器（指针）直接指示出被测量的大小，又被称为直读式仪表、指针式仪表或模拟式仪表。 2. 比较仪表 比较仪表将被测量与同类标准量进行比较，根据比较结果确定被测量的大小。 3. 数字仪表 数字仪表采用数字测量技术，并以数码形式直接显示出被测量的大小。 4. 智能仪表 智能仪表主要利用微处理器的控制和计算功能，可实现程控、记忆、自动校正、自诊断故障、数据处理和分析运算等功能。	提示：复习欧姆定律，演示间接测量法的测量过程。 提示：按课文内容讲授即可，但要讲清楚各测量方法优、缺点产生的原因。 展示几种典型的指针式仪表实物，如电压表、电流表等。 展示常用的比较仪表实物，如单臂电桥。 展示常用的数字式万用表实物。 展示工作中可遇到的智能仪表的图片。	

教学过程与教学内容	教师活动	学生活动
四、电工仪表的标志 1. 常见的电工仪表标志 详见教材表 1–1–3 至表 1–1–10。 2. 常见的电工数字仪表标志 详见教材表 1–1–11。	提示：以指针式万用表和数字式万用表为例，介绍其标志。	
五、常用电工仪表的型号 1. 安装式指示仪表的型号 安装式指示仪表的型号由仪表形状第一位代号（面板形状）、仪表形状第二位代号（外壳形状）、组别号、设计序号和用途代号等组成。 2. 便携式指示仪表的型号 由于便携式指示仪表不是固定安装在开关板上的，故不需要形状的相关代号，其他编制规则与安装式指示仪表相同。 3. 电能表的型号 电能表型号的编制规则与便携式指示仪表型号的编制规则相似，但含义不同。 4. 数字仪表的型号 数字仪表的型号由产品类别、组别号、注册号、分割线“/”和企业补充标志组成。	提示：讲清熟悉电工仪表的型号有助于今后正确选择仪表。	
【课堂小结】 带领学生围绕以下问题，对本节课所学内容进行小结。 1. 常用的电工测量方法有几种？各有何优、缺点？ 2. 电工仪表按结构和用途的不同，可分为哪几类？ 3. 指示仪表按工作原理的不同可分为哪几类？	简明扼要地回顾本节课所学的知识要点，突出本节课的知识重点和难点。（10 min 左右）	听讲，做笔记。有问题可以现场提问。
【课后作业】 习题册 P1 ~ 3。	发布本节课的作业，提醒学生需要注意之处。（5 min 左右）	对照自己的习题册，若有问题可以课后咨询。

§1-2 电工仪表的误差和准确度

<table>
<tr><th colspan="5">教案首页</th></tr>
<tr><td>序号</td><td>3</td><td>名称</td><td colspan="2">电工仪表的误差和准确度</td></tr>
<tr><td colspan="3">授课班级</td><td>授课日期</td><td>授课时数</td></tr>
<tr><td colspan="3"></td><td>年 月 日</td><td>2</td></tr>
<tr><td colspan="3"></td><td>年 月 日</td><td>2</td></tr>
<tr><td>教学目标</td><td colspan="4">通过本节课的教学，使学生达到以下要求：
1. 了解误差的三种表示方法。
2. 掌握仪表的准确度的含义及意义。</td></tr>
<tr><td>教学重、难点及解决办法</td><td colspan="4">重　　点：仪表的准确度。
难　　点：误差的表示方法及适用场合。
解决办法：通过举例分析的授课方式，讲解仪表的误差种类、误差的表示方法和适用场合。</td></tr>
<tr><td>授课教具</td><td colspan="4">常用的电流表或电压表、多媒体教学设备。</td></tr>
<tr><td>授课方法</td><td colspan="4">讲授法，直观演示法，举例法。</td></tr>
<tr><td>教学思路和建议</td><td colspan="4">应分析好本节课中的每一道例题，可以采用学生上讲台做题、教师在讲台下点评的方式，调动学生的学习积极性。</td></tr>
<tr><td>审批意见</td><td colspan="4">签字：
年　月　日</td></tr>
</table>

教学活动		
教学过程与教学内容	教师活动	学生活动
【课前准备】 1. 巡查教学环境。 2. 督促学生将手机关机，集中放入手机袋，统一保管。 3. 指导学生自查课堂学习材料的准备情况。 4. 发放习题册。 5. 考勤。	督促学生完成课前准备。（课前2 min内）	按要求完成课前准备。
【复习提问】 1. 常用的电工测量方法有哪些？各有何优、缺点？ 2. 电工仪表按结构和用途的不同，可分为哪几类？ 3. 指示仪表按工作原理的不同，可分为哪几类？	提出问题，分别请3位学生作答。（5 min左右）	思考并回答问题。
【教学引入】 在电工测量中，无论哪种电工仪表，也无论其质量多好，它的测量结果与被测量的实际值之间总会存在一定的差值，这个差值称为误差。准确度则是指仪表的测量结果与实际值的接近程度。仪表的准确度越高，误差越小，所以，误差值的大小可以反映仪表本身的准确程度。	利用实物和PPT授课。（55 min左右）	听讲，做笔记，回答教师提问。
【讲授新课】 一、仪表的误差种类 1. 基本误差 仪表在正常工作条件下，由于其本身的结构、制造工艺等方面的不完善而产生的误差称为基本误差。	提示：可以采用直观演示、提问等方式进行。	对新知识进行必要的记录。
2. 附加误差 仪表因为偏离了规定的工作条件而产生的误差称为附加误差。	提示：讲清楚基本误差和附加误差的定义，为后续课	

教学过程与教学内容	教师活动	学生活动
注意基本误差和附加误差二者的区别：基本误差是仪表本身所固有的，一般无法消除；附加误差是因外界工作条件改变而造成的，一般可以设法消除。	中讲解测量误差的消除做好铺垫。	
二、误差的表示方法 误差通常用绝对误差、相对误差和引用误差来表示。它们的定义不同，各自适用的场合也不同。 1. 绝对误差 Δ 仪表的指示值 A_x 与被测量实际值 A_0 之间的差值称为绝对误差，用 Δ 表示。 举例说明。 2. 相对误差 γ 绝对误差 Δ 与被测量实际值 A_0 比值的百分数称为相对误差，用 γ 表示。 举例说明。 实际测量中，常用相对误差来表示测量结果的准确程度，而且在测量不同大小的被测量时，利用相对误差可对其测量结果的准确程度进行比较。 3. 引用误差 γ_m 工程中，一般采用引用误差来反映仪表的准确程度。绝对误差 Δ 与仪表量程（最大读数）A_m 比值的百分数称为引用误差，用 γ_m 表示。 引用误差实际上就是仪表在最大读数时的相对误差，即满刻度相对误差。	提示：采用步步深入、环环相扣的教学方法，重要的是使学生区分清楚这三种误差的适用场合。	
三、仪表的准确度 当测量值不同时，仪表的绝对误差会有些变化，因而对应的引用误差也会随之发生变化。 国家标准中规定以最大引用误差来表示仪表的准确度。也就是说，仪表的最大绝对误差 Δ_m 与仪表量程 A_m 比值的百分数，称为仪表的准确	提示：根据公式，讲解仪表准确度有唯一性的原因。	

教学过程与教学内容	教师活动	学生活动
度（±*K*%）。显然，最大引用误差越小，仪表的基本误差越小，准确度越高。 根据国家标准，我国生产的电工仪表的准确度共分7级。 举例说明。 在一般情况下，测量结果的准确度（即最大相对误差）并不等于仪表的准确度，只有当被测量正好等于仪表量程时，两者才会相等。 实际测量时，为保证测量结果的准确性，不仅要考虑仪表的准确度，还要选择合适的量程。例如，电工指示仪表在测量时要使仪表指针处在满刻度的后三分之一段。	提示：可讲解测量220 V的电压时，选择250 V量程电压表而不选择450 V量程电压表的原因。	
【课堂小结】 带领学生围绕以下问题，对本节课所学内容进行小结。 1. 仪表的误差种类有哪几类？ 2. 误差的表示方法有哪几种？它们的适用场合分别是什么？ 3. 为什么在测量时要使仪表指针处在满刻度的后三分之一段？	简明扼要地回顾本节课所学的知识要点，突出本节课的知识重点和难点。（10 min左右）	听讲，做笔记。有问题可以现场提问。
【课后作业】 习题册P3～5。	着重点评上节课作业共性的问题。发布本节课的作业，提醒学生需要注意之处。（5 min左右）	对照自己的习题册，若有问题可以课后咨询。

§1-3 测量误差及其消除方法

<table>
<tr><th colspan="5">教案首页</th></tr>
<tr><td>序号</td><td>4</td><td>名称</td><td colspan="2">测量误差及其消除方法</td></tr>
<tr><td colspan="3">授课班级</td><td>授课日期</td><td>授课时数</td></tr>
<tr><td colspan="3"></td><td>年 月 日</td><td>1</td></tr>
<tr><td colspan="3"></td><td>年 月 日</td><td>1</td></tr>
<tr><td>教学目标</td><td colspan="4">通过本节课的教学，使学生达到以下要求：
1. 理解测量误差的概念。
2. 掌握产生测量误差的原因及其消除方法。</td></tr>
<tr><td>教学重、难点及解决办法</td><td colspan="4">重　点：1. 系统误差产生原因及消除方法。
2. 偶然误差产生原因及消除方法。
3. 疏失误差产生原因及消除方法。
难　点：系统误差产生原因及消除方法。
解决办法：向学生明确指出测量引起的误差最终都会反映在测量结果上，使其明白测量误差产生的原因是多方面的。</td></tr>
<tr><td>授课教具</td><td colspan="4">多媒体教学设备。</td></tr>
<tr><td>授课方法</td><td colspan="4">讲授法，举例法。</td></tr>
<tr><td>教学思路和建议</td><td colspan="4">首先把系统误差、偶然误差和疏失误差讲清楚、讲明白、讲透彻，然后通过比较学习的方法，将本节课所学习的误差相互对比，指出其中的异、同点，以便学生理解。</td></tr>
<tr><td></td><td colspan="4"></td></tr>
<tr><td>审批意见</td><td colspan="4">签字：
年　月　日</td></tr>
</table>

<table>
<tr><th colspan="3">教 学 活 动</th></tr>
<tr><th>教学过程与教学内容</th><th>教师活动</th><th>学生活动</th></tr>
<tr><td>【课前准备】
1. 巡查教学环境。
2. 督促学生将手机关机，集中放入手机袋，统一保管。
3. 指导学生自查课堂学习材料的准备情况。
4. 发放习题册。
5. 考勤。</td><td>督促学生完成课前准备。（课前2 min内）</td><td>按要求完成课前准备。</td></tr>
<tr><td>【复习提问】
1. 仪表的误差种类有哪几类?
2. 误差的表示方法有哪几种? 它们的适用场合分别是什么?
3. 为什么在测量时要使仪表指针处在满刻度的后三分之一段?</td><td>提出问题，分别请3位学生作答。（5 min左右）</td><td>思考并回答问题。</td></tr>
<tr><td>【教学引入】
无论是电工仪表本身的问题或所用测量方法不完善引起的误差，还是其他因素（如外界环境变化、操作者观测经验不足等）引起的误差，最终都会在测量结果上反映出来，即造成测量结果与被测量实际值之间的差异，这种差异称为测量误差。</td><td>利用PPT授课。（18 min左右）</td><td>听讲，做笔记，回答教师提问。</td></tr>
<tr><td>【讲授新课】
根据产生测量误差原因的不同，测量误差可分为系统误差、偶然误差和疏失误差三大类。
一、系统误差
定义：系统误差是指在相同条件下多次测量同一量时，误差的大小和符号均保持不变，而在条件改变时遵从一定规律变化的误差。
产生原因：
（1）测量仪表引起的误差：包括因测量仪表本身不完善而造成的基本误差，以及由于仪表工作条件改变而造成的附加误差。</td><td>提示：授课过程中，要使学生牢记测量误差产生的原因是多方面的。</td><td>对新知识进行必要的记录。</td></tr>
</table>

<table>
<tr><th>教学过程与教学内容</th><th>教师活动</th><th>学生活动</th></tr>
<tr><td>（2）测量方法引起的误差：由于所用的测量方法不完善而引起的误差。例如，利用间接法时采用了近似公式、未考虑仪表内阻对测量结果的影响等。
（3）受外磁场的影响。
消除方法：
（1）重新配置合适的仪表或对测量仪表进行校正。
（2）采用合适的测量方法。
（3）采用正负误差补偿法或替代法。
二、偶然误差
定义：偶然误差是一种大小和符号都不固定的误差，又称为随机误差。
产生原因：
主要由外界环境的偶发性变化引起。例如，外电场、磁场的突变，温度、湿度的突变，电源电压、频率的突变等，使得仪表在重复测量同一量时，其结果不完全相同，从而产生偶然误差。
消除方法：
采用增加重复测量次数、取算术平均值的方法来消除偶然误差对测量结果的影响。
三、疏失误差
定义：疏失误差是一种严重歪曲测量结果的误差。
产生原因：
主要由操作者的粗心和疏忽造成，如测量中错误读数、错误记录、算错数据以及读数误差过大等。
消除方法：
加强操作者的工作责任心，倡导认真负责的工作态度，同时要提高操作者的素质和技能水平。</td><td>提示：要说明根据产生原因的不同，消除方法也各不相同。</td><td></td></tr>
</table>

<table>
<tr><th>教学过程与教学内容</th><th>教师活动</th><th>学生活动</th></tr>
<tr><td>【课堂小结】
将学习过的各种误差整理成表，对比总结，以方便学生正确认识各种误差。
<table>
<tr><th>项目</th><th>名称</th><th>含义</th></tr>
<tr><td rowspan="2">仪表误差</td><td>基本误差</td><td>仪表在正常工作条件下，由于其本身的结构、制造工艺等方面的不完善而产生的误差</td></tr>
<tr><td>附加误差</td><td>仪表因偏离了规定的工作条件而产生的误差</td></tr>
<tr><td rowspan="3">误差的表示方法</td><td>绝对误差</td><td>仪表的指示值与被测量实际值之间的差值
在实际中测量同一被测量时，可以用绝对误差的绝对值来比较不同仪表的准确程度，绝对值越小的仪表越准确</td></tr>
<tr><td>相对误差</td><td>绝对误差与被测量实际值比值的百分数
实际测量中，常用相对误差来表示测量结果的准确程度，而且在测量不同大小的被测量时，利用相对误差可对其测量结果的准确程度进行比较</td></tr>
<tr><td>引用误差</td><td>绝对误差与仪表量程（最大读数）比值的百分数
工程中，一般采用引用误差来反映仪表的准确程度</td></tr>
<tr><td rowspan="3">测量误差</td><td>系统误差</td><td>在相同条件下多次测量同一量时，误差的大小和符号均保持不变，而在条件改变时遵从一定规律变化的误差
一般是由测量仪表、测量方法或受外磁场的影响引起的误差</td></tr>
<tr><td>偶然误差</td><td>一种大小和符号都不固定的误差，又称为随机误差
主要由外界环境的偶发性变化引起</td></tr>
<tr><td>疏失误差</td><td>一种严重歪曲测量结果的误差
主要由操作者的粗心和疏忽造成</td></tr>
</table>
</td><td>简明扼要地回顾本节课所学的知识要点，突出本节课的知识重点和难点，特别是仪表误差、误差的表示方法和测量误差三者之间的关系。（15 min 左右）</td><td>听讲，做笔记。有问题可以现场提问。</td></tr>
</table>

教学过程与教学内容	教师活动	学生活动
【课后作业】 习题册 P5 ~ 6。	着重点评上节课作业共性的问题。发布本节课的作业，提醒学生需要注意之处。(5 min 左右)	对照自己的习题册，若有问题可以课后咨询。

§1-4 电工仪表的组成

<table>
<tr><td colspan="6">教 案 首 页</td></tr>
<tr><td>序号</td><td>5</td><td>名称</td><td colspan="3">电工仪表的组成</td></tr>
<tr><td colspan="3">授课班级</td><td colspan="2">授课日期</td><td>授课时数</td></tr>
<tr><td colspan="3"></td><td colspan="2">年　月　日</td><td>2</td></tr>
<tr><td colspan="3"></td><td colspan="2">年　月　日</td><td>2</td></tr>
<tr><td>教学目标</td><td colspan="5">通过本节课的教学，使学生达到以下要求：
1. 掌握电工指示仪表和电工数字仪表的组成。
2. 熟悉电工指示仪表和电工数字仪表的主要装置。</td></tr>
<tr><td>教学重、难点及解决办法</td><td colspan="5">重　　点：电工指示仪表的组成。
难　　点：电工数字仪表的组成。
解决办法：通过举例法说明三个力矩的作用，结合电子技术的知识分析 A/D 转换器的作用。</td></tr>
<tr><td>授课教具</td><td colspan="5">常用的电工指示仪表和电工数字仪表、视频、图片、多媒体教学设备。</td></tr>
<tr><td>授课方法</td><td colspan="5">讲授法，实物展示法，举例法。</td></tr>
<tr><td>教学思路和建议</td><td colspan="5">对于电工仪表的组成的讲解，可以采用拆卸仪表的外壳后，结合实物对照讲解的方法。但在操作演示时，需要注意不能损坏仪表。在学生较多的教室，可以利用教学展台在屏幕上进行展示。</td></tr>
<tr><td>审批意见</td><td colspan="5">签字：
年　月　日</td></tr>
</table>

教学活动		
教学过程与教学内容	教师活动	学生活动
【课前准备】 1. 巡查教学环境。 2. 督促学生将手机关机，集中放入手机袋，统一保管。 3. 指导学生自查课堂学习材料的准备情况。 4. 发放习题册。 5. 考勤。	督促学生完成课前准备。（课前 2 min 内）	按要求完成课前准备。
【复习提问】 1. 仪表的准确度越高，测量结果越准确，这种说法是否正确？ 2. 仪表的灵敏度越高，价格越贵，这种说法是否正确？ 3. 测量误差有哪几类？消除方法分别是什么？	提出问题，分别请3位学生作答。（5 min 左右）	思考并回答问题。
【教学引入】 虽然电工指示仪表的工作原理各不相同，但是它们的任务却是相同的，都是要把被测电量转换为仪表可动部分的机械偏转角，然后用指针偏转角的大小来反映被测电量的数值。而电工数字仪表都是由测量线路、A/D 转换器和数字显示电路三大部分组成的。	利用实物和 PPT 授课。（55 min 左右） 提示：可以采用直观演示、提问等方式进行教学。 提示：可强调电工指示仪表和电工数字仪表的区别。	听讲，做笔记，回答教师提问，观看教师的实物演示，加深对知识点的理解。
【讲授新课】 **一、电工指示仪表** 电工指示仪表按照其工作原理可分为磁电系仪表、电磁系仪表、电动系仪表和感应系仪表四大类，它们都把被测电量转换为仪表可动部分的机械偏转角，然后用指针偏转角的大小来反映被测电量的数值。为了实现被测电量到仪表可动部分机械偏转角的转换，电工指示仪表都是由测量线路和测量机构两大部分组成的。	提示：本节课主要分析电工指示仪表的共有部分和装置，其不同之处将在后续的课程中学习。 提示：要强调测量机构是整个电工指示仪表的核心。	对新知识进行必要的记录。

教学过程与教学内容	教师活动	学生活动
1. 测量线路 测量线路通常由电阻、电容、电感、二极管等电子元器件组成。不同仪表的测量线路是不同的，如电流表中采用分流电阻，电压表中采用分压电阻等。测量线路的作用是把各种不同的被测电量按一定比例转换为测量机构所能接受的过渡电量。	提示：联系欧姆定律和电路的串、并联特点。	
2. 测量机构 虽然各种类型电工指示仪表的测量机构在结构及工作原理上各有不同，但是它们都是由固定部分和可动部分组成的，而且都能在被测电量的作用下产生转动力矩，驱动可动部分偏转，从而带动指针指示出被测电量的大小。测量机构是整个指示仪表的核心，其作用是把过渡电量转换成仪表可动部分的机械偏转角。	提示：测量机构的目的是让指针偏转到合适的位置，可由此引出作用在仪表可动部分上的三个力矩。	
（1）转动力矩装置 要使电工指示仪表的指针偏转，测量机构必须有产生转动力矩 M 的装置，该装置由固定部分和可动部分组成。	提示：此为电磁力矩，其与被测电量保持一定的函数关系。	
（2）反作用力矩装置 如果测量机构中只有转动力矩 M，则不论被测电量有多大，可动部分都将在其作用下偏转到尽头。为此，要求在可动部分偏转时，测量机构中能够产生随偏转角增大而增大的反作用力矩 M_f，使得当 $M=M_f$ 时，可动部分平衡，从而使偏转角 α 稳定。反作用力矩一般由游丝产生。	提示：强调游丝的作用。	
（3）阻尼力矩装置 由于电工指示仪表的可动部分都具有一定的惯性，因此，当 $M=M_f$ 时，可动部分（指针）不可能立即停止下来，而是在平衡位置附近来回摆动，因而使用者不能快速地读取测量结果。为了缩短可动部分摆动的时间以尽快读数，仪	提示：强调阻尼力矩装置的作用是克服惯性，使指针迅速停止摆动。	

教学过程与教学内容	教师活动	学生活动
表中还必须有产生阻尼力矩的装置。 （4）读数装置 读数装置由指示器和刻度盘组成。	提示：引导学生思考如何消除测量误差。	
（5）支撑装置 测量机构中的可动部分要随被测电量大小而偏转就必须有支撑装置。	提示：引导学生思考仪表为什么需要轻拿轻放。	
二、电工数字仪表 测量机构是电工指示仪表的核心，而数字式电压基本表就是以数字式万用表为代表的众多电工数字仪表的核心。只要在数字式电压基本表的基础上增加不同的测量线路，就能组成各种不同用途的电工数字仪表，如数字式电流表、数字式欧姆表以及数字式万用表等。 为了实现被测电量到仪表数字显示的转换，电工数字仪表都是由测量线路、A/D 转换器和数字显示电路三大部分组成的。	提示：强调数字式电压基本表是电工数字仪表的核心。	
1. 测量线路 测量线路的任务是将被测模拟量转换为便于进行模—数转换的另一种模拟量（即中间量），由于实际使用中的 A/D 转换器所用的中间量都是直流电压，所以现在的测量线路普遍是把被测电量转换为直流电压。	提示：测量线路转换出来的中间量要与被测电量保持一定的函数关系。	
2. A/D 转换器 A/D 转换器的任务是把中间量转换为数字量。 在电工数字仪表中，A/D 转换器的作用就是把连续变化的直流电压转换为高电平或低电平的间断脉冲所组成的二进制数码。 3. 数字显示电路 数字显示电路的任务是把转换后的数字量用数码形式显示出来。	提示：模拟量是连续的量，其数值随时间连续变化。数字量则是不连续的量，只能一个单位一个单位地增加	

教学过程与教学内容	教师活动	学生活动
电工数字仪表所用的显示器一般选取发光二极管（LED）显示器或液晶（LCD）显示器。	或减少，而且在时间上也不连续。	
【课堂小结】		
带领学生围绕以下问题，对本节课所学内容进行小结。 1. 电工指示仪表由哪几部分组成？它们分别有何作用？ 2. 电工指示仪表测量机构的组成是怎样的？ 3. 电工数字仪表的核心是什么？ 4. 电工数字仪表由哪几部分组成？它们分别有何作用？	简明扼要地回顾本节课所学的知识要点，突出本节课的知识重点和难点。（10 min 左右）	听讲，做笔记。有问题可以现场提问。
【课后作业】		
习题册 P6～8。	着重点评上节课作业共性的问题。发布本节课的作业，提醒学生需要注意之处。（5 min 左右）	对照自己的习题册，若有问题可以课后咨询。

§1-5 电工仪表的技术要求

<table>
<tr><th colspan="4">教 案 首 页</th></tr>
<tr><td>序号</td><td>6</td><td>名称</td><td>电工仪表的技术要求</td></tr>
<tr><td colspan="2">授课班级</td><td>授课日期</td><td>授课时数</td></tr>
<tr><td colspan="2"></td><td>年 月 日</td><td>2</td></tr>
<tr><td colspan="2"></td><td>年 月 日</td><td>2</td></tr>
<tr><td>教学目标</td><td colspan="3">通过本节课的教学，使学生达到以下要求：
1. 了解电工指示仪表和电工数字仪表的技术要求。
2. 熟悉电工指示仪表和电工数字仪表灵敏度的概念。</td></tr>
<tr><td>教学重、难点及解决办法</td><td colspan="3">重　　点：电工指示仪表的技术要求。
难　　点：电工数字仪表的技术要求。
解决办法：采用将电工指示仪表和电工数字仪表的技术要求对比的方式进行分析，以解决学生对这两种仪表的混淆之处。</td></tr>
<tr><td>授课教具</td><td colspan="3">常用电工指示仪表和电工数字仪表、视频、图片、多媒体教学设备。</td></tr>
<tr><td>授课方法</td><td colspan="3">讲授法，举例法，比较法。</td></tr>
<tr><td>教学思路和建议</td><td colspan="3">通过本节课使学生明确：仪表的性能不是越高越好，而是合适就好。引导学生认识仪表的每一个技术要求，可以使学生学会根据测量的要求，在保证结果准确和可靠的前提下，选择合适的仪表。</td></tr>
<tr><td>审批意见</td><td colspan="3">签字：
年　月　日</td></tr>
</table>

<table>
<tr><th colspan="3">教 学 活 动</th></tr>
<tr><th>教学过程与教学内容</th><th>教师活动</th><th>学生活动</th></tr>
<tr><td>【课前准备】
1. 巡查教学环境。
2. 督促学生将手机关机，集中放入手机袋，统一保管。
3. 指导学生自查课堂学习材料的准备情况。
4. 发放习题册。
5. 考勤。</td><td>督促学生完成课前准备。（课前2 min内）</td><td>按要求完成课前准备。</td></tr>
<tr><td>【复习提问】
1. 电工指示仪表由哪几部分组成？它们分别有何作用？
2. 电工指示仪表测量机构的组成是怎样的？
3. 电工数字仪表的核心是什么？
4. 电工数字仪表由哪几部分组成？它们分别有何作用？</td><td>提出问题，分别请4位学生作答。（5 min左右）</td><td>思考并回答问题。</td></tr>
<tr><td>【教学引入】
为保证测量结果的准确性和可靠性，在选用仪表时，要考虑该仪表的技术要求。</td><td>利用实物和PPT授课。（55 min左右）</td><td>听讲，做笔记，回答教师提问，观看教师的实物演示，加深对知识点的理解。</td></tr>
<tr><td>【讲授新课】
一、电工指示仪表的技术要求
1. 准确度
仪表的准确度太高，会使制造成本增加，同时对仪表使用条件的要求也会相应提高；而准确度太低，又不能满足测量的需要。因此，仪表的准确度要根据实际测量的需要来选择，切忌片面追求仪表的高准确度。
2. 灵敏度
在实际测量中，要根据被测电量选择合适的灵敏度。灵敏度太高，仪表的制造成本就高，</td><td>提示：解释“经济合理”的含义。

提示：解释“合适”的含义。</td><td>对新知识进行必要的记录。</td></tr>
</table>

教学过程与教学内容	教师活动	学生活动
要求的使用条件也高；灵敏度太低，仪表就不能反映被测电量的微小变化。 在电工指示仪表中，仪表可动部分偏转角的变化量 $\Delta\alpha$ 与被测电量的变化量 Δx 的比值称为仪表的灵敏度，用 S 表示，即 $S=\dfrac{\Delta\alpha}{\Delta x}$。 灵敏度描述了仪表对被测电量的反应能力，反映了仪表所能测量的最小被测电量。因此，灵敏度是电工指示仪表的一个重要指标。		
3. 读数装置 良好的读数装置要求仪表的标度尺刻度应尽量均匀、便于读数。	提示：将均匀的标度尺和不均匀的标度尺进行对比。	
4. 阻尼装置 当仪表接入电路后，指针在平衡位置附近摆动的时间应尽可能短；在用仪表测量时，指针应能均匀、平稳地指向平衡位置，以便使用者迅速读数。	提示：引导学生回忆阻尼装置的作用。	
5. 消耗功率 在测量过程中，仪表本身必然会消耗一定的功率，但要求消耗的功率尽量小。	提示：引导学生思考，如果消耗功率大，会出现什么情况？	
6. 绝缘强度 仪表有足够的绝缘强度，可以保证使用者和仪表的安全。	提示：可展示仪表中绝缘强度的符号和含义。	
7. 过载能力 在实际使用中，由于某些原因（如被测量的突然变化、仪表使用者的错误操作等），仪表过载的现象时有发生，因此要求仪表具有足够的过载能力，以延长其使用寿命。	提示：不同结构的指示仪表过载能力不同。	
8. 变差 仪表在反复测量同一被测量时，由于摩擦等原因造成的两次不同读数，它们的差值称为“变差”。一般要求仪表的“变差”不应超过其	提示：引导学生思考什么是变差。	

教学过程与教学内容	教师活动	学生活动
基本误差的绝对值。 **二、电工数字仪表的技术要求** 电压和频率是数字测量中的两个基本量，其他被测电量往往都被转换成电压或频率来进行测量，所以电工数字仪表的技术要求实际上反映了数字测量的水平。 1. 显示位数 电工数字仪表的显示位数通常用一个整数和一个分数表示，整数部分表示能显示0~9全部数字的有几位，分数部分表示最高位的显示性能，其中分子表示最高位数字能显示的最大数值，分母表示满程时应该显示的数值。	提示：引导学生思考显示位数和电工数字仪表精度的关系。	
2. 灵敏度 电工数字仪表可以通过电子放大器放大被测电压，所以电工数字仪表的灵敏度也能够做得比较高。电工数字仪表没有刻度盘，它的灵敏度用分辨力或分辨率来表示。分辨力是指仪表处在最低量程时显示的末位所对应的电压，分辨率是指能测出的电压最小变化量与最大数值之比的百分数。	提示：讲解数字仪表和指示仪表灵敏度的区别。	
3. 量程范围 量程范围是指电压表测量电压时，从0到满量程的显示值。如果有量程转换开关，则开关置不同挡位时，仪表会有不同的量程范围，其中最小的量程范围具有最大的分辨力。	提示：讲解数字仪表和指示仪表量程范围的区别。	
4. 准确度 电工数字仪表的测量结果用数字显示，所以不存在视觉误差，而且仪表内部没有可动部件，所以不存在机械摩擦、变形等问题，它的准确度主要取决于A/D转换器和其他电子元器件的质量。数字仪表比较容易被制成高准确度仪表。	提示：讲解数字仪表和指示仪表准确度的区别。	

教学过程与教学内容	教师活动	学生活动
5. 输入阻抗 电压表要求有较高的输入阻抗。 6. 频率范围 数字仪表可以利用电子整流电路扩大其频率宽度，但常用的数字仪表多用于直流和低频。 7. 测量速度 测量速度指仪表在单位时间内以规定的准确度完成的最大测量次数。它的大小取决于 A/D 转换器的变换速率和前置放大的响应时间。	提示：强调输入阻抗是数字仪表特有的。	
【课堂小结】 带领学生围绕以下问题，对本节课所学内容进行小结。 1. 电工指示仪表的技术要求有哪些？ 2. 电工数字仪表的技术要求有哪些？ 3. 为什么电工指示仪表的准确度和灵敏度不是越高越好？ 4. 电工数字仪表的特点有哪些？	简明扼要地回顾本节课所学的知识要点，突出本节课的知识重点和难点。（10 min 左右）	听讲，做笔记。有问题可以现场提问。
【课后作业】 习题册 P8 ~ 9。	着重点评上节课作业共性的问题。发布本节课的作业，提醒学生需要注意之处。（5 min 左右）	对照自己的习题册，若有问题可以课后咨询。

第二章
直流电流和直流电压的测量

§2-1　指针式直流电流表与电压表

<table>
<tr><td colspan="5">教 案 首 页</td></tr>
<tr><td>序号</td><td>7</td><td>名称</td><td colspan="2">指针式直流电流表与电压表 1</td></tr>
<tr><td colspan="3">授课班级</td><td>授课日期</td><td>授课时数</td></tr>
<tr><td colspan="3"></td><td>年　月　日</td><td>2</td></tr>
<tr><td colspan="3"></td><td>年　月　日</td><td>2</td></tr>
<tr><td>教学目标</td><td colspan="4">通过本节课的教学，使学生达到以下要求：
1. 掌握磁电系测量机构的结构和工作原理。
2. 理解磁电系仪表的优、缺点。</td></tr>
<tr><td>教学重、难点及解决办法</td><td colspan="4">重　　点：磁电系测量机构的结构。
难　　点：磁电系测量机构的工作原理。
解决办法：磁电系测量机构的结构应利用教具或多媒体课件来展示。在学生了解了磁电系测量机构的清晰结构的条件下，可利用电工基础电磁的知识点分析磁电系测量机构的工作原理。突出磁电系测量机构只能用于直流的测量这一最大特点。</td></tr>
<tr><td>授课教具</td><td colspan="4">指针式直流电流表和电压表、多媒体教学设备。</td></tr>
<tr><td>授课方法</td><td colspan="4">讲授法，直观演示法。</td></tr>
<tr><td>教学思路和建议</td><td colspan="4">磁电系测量机构是直流电流表和直流电压表的核心，而本节课的内容是指针式仪表的基础和核心，故安排 2 课时来讲解磁电系测量机构的工作原理、结构和特点。可以结合电工基础中的电磁知识点，把本节课内容讲清、讲透，为学生后续对其他测量机构的学习打下基础。</td></tr>
<tr><td>审批意见</td><td colspan="4">签字：
年　　月　　日</td></tr>
</table>

教学活动		
教学过程与教学内容	教师活动	学生活动
【课前准备】 1. 巡查教学环境。 2. 督促学生将手机关机，集中放入手机袋，统一保管。 3. 指导学生自查课堂学习材料的准备情况。 4. 发放习题册。 5. 考勤。	督促学生完成课前准备。（课前 2 min 内）	按要求完成课前准备。
【复习提问】 1. 电工指示仪表由哪几部分组成？各部分的作用是什么？ 2. 为什么电工指示仪表的准确度和灵敏度不是越高越好？ 3. 电工指示仪表的核心是什么？	提出问题，分别请 3 位学生作答。（5 min 左右）	思考并回答问题。
【教学引入】 电流与电压的测量是最基本的电工测量。通过测量电流的大小和电压的高低，可以判断电气设备是否处于正常的工作状态，并确定故障的位置，这在生产中应用十分广泛。测量电流和电压的基本工具是电流表和电压表，它们可以由不同类型的测量机构组成。	利用实物和 PPT 授课。（55 min 左右）	听讲，做笔记，回答教师提问，观看教师的实物演示，加深对知识点的理解。
【讲授新课】 测量直流电流和直流电压的专用仪表就是直流电流表和直流电压表，而直流电流表和直流电压表的核心都是磁电系测量机构（俗称“磁电系表头”）。只要在磁电系测量机构的基础上配上不同的测量线路，就能组成各种不同用途的直流电流表和直流电压表。	提示：可以采用直观演示、提问等方式进行。	对新知识进行必要的记录。
一、磁电系测量机构 1. 磁电系测量机构的结构 磁电系测量机构主要由固定的磁路系统和可动的线圈两部分组成。磁电系测量机构的固定	提示：利用教具或多媒体课件辅助教学。 提示：可向学生	

教学过程与教学内容	教师活动	学生活动
部分由永久磁铁、极掌以及圆柱形铁芯组成。磁电系测量机构的可动部分由绕在铝框上的线圈、线圈两端的转轴、与转轴相连的指针、平衡锤以及游丝组成。	说明固定部分是仪表测量时位置不会发生改变的部分。可动部分是仪表测量时位置发生改变的部分。 提示：可通过展示图片来讲解磁电系测量机构的各组成部分。	
磁电系测量机构中游丝的作用有两个：一是产生反作用力矩；二是把被测电流导入和导出可动线圈。	提示：磁电系仪表过载能力小，使用时不能过载。	
2. 磁电系测量机构的工作原理和特点 磁电系测量机构是根据通电线圈在磁场中受到电磁力作用发生偏转的原理制成的。 当可动线圈中通入直流电流 I 时，载流线圈在永久磁铁的磁场中受到电磁力的作用，从而形成转动力矩 M，使可动线圈发生偏转。由于 $M \propto I$，即通过线圈的电流越大，线圈受到的转动力矩越大，仪表指针偏转的角度 α 也越大；同时，由于 $M_f \propto \alpha$，游丝扭得越紧，反作用力矩也越大。当线圈受到的转动力矩与反作用力矩大小相等，即 $M=M_f$ 时，线圈就停留在某一平衡位置。此时，指针指示的值即为被测量的大小。	提示：可利用原理图纸或多媒体课件辅助教学。	
磁电系仪表的特点： （1）优点 准确度高、灵敏度高；功率消耗小；刻度均匀。 （2）缺点 过载能力小；只能测量直流电流。	提示：结合磁电系测量机构的工作原理，逐条分析磁电系仪表的优、缺点。	

教学过程与教学内容	教师活动	学生活动
【课堂小结】 带领学生围绕以下问题，对本节课所学内容进行小结。 1. 直流电流表和直流电压表的核心采用什么测量机构？ 2. 磁电系测量机构由哪几部分组成？游丝有何作用？ 3. 磁电系测量机构的工作原理是什么？ 4. 磁电系仪表有何优、缺点？	简明扼要地回顾本节课所学的知识要点，突出本节课的知识重点和难点。（10 min 左右）	听讲，做笔记。有问题可以现场提问。
【课后作业】 习题册 P10 ~ 11　一、1 ~ 4　二、1 ~ 5 三、1 ~ 4　四、1 ~ 2	着重点评上节课作业共性的问题。发布本节课的作业，提醒学生需要注意之处。（5 min 左右）	对照自己的习题册，若有问题可以课后咨询。

<table>
<tr><th colspan="6">教 案 首 页</th></tr>
<tr><td>序号</td><td>8</td><td>名称</td><td colspan="3">指针式直流电流表与电压表 2</td></tr>
<tr><td colspan="3">授课班级</td><td colspan="2">授课日期</td><td>授课时数</td></tr>
<tr><td colspan="3"></td><td colspan="2">年　月　日</td><td>2</td></tr>
<tr><td colspan="3"></td><td colspan="2">年　月　日</td><td>2</td></tr>
<tr><td>教学目标</td><td colspan="5">通过本节课的教学，使学生达到以下要求：
1. 熟悉指针式直流电流表的组成。
2. 熟悉指针式直流电压表的组成。</td></tr>
<tr><td>教学重、难点及解决办法</td><td colspan="5">重　　点：1. 直流电流表的组成和多量程直流电流表的组成。
2. 直流电压表的组成和多量程直流电压表的组成。
难　　点：1. 分流电阻的计算。
2. 分压电阻的计算。
解决办法：以直流电流表和直流电压表的实物为例，分析其组成，由此引出分流电阻和分压电阻的概念，并利用欧姆定律详细分析分流电阻值和分压电阻值的计算方法。</td></tr>
<tr><td>授课教具</td><td colspan="5">指针式直流电流表和直流电压表、多媒体教学设备。</td></tr>
<tr><td>授课方法</td><td colspan="5">讲授法，直观演示法，举例法。</td></tr>
<tr><td>教学思路和建议</td><td colspan="5">在本节课教学中，应结合上节课的理论知识，通过展示直流电流表和直流电压表的实物，使学生在学习书本知识的同时，对直流电流表和直流电压表得到直观的认识，更好地理解、吸收本节课的难点。</td></tr>
<tr><td>审批意见</td><td colspan="5">签字：
年　月　日</td></tr>
</table>

<table>
<tr><th colspan="3">教 学 活 动</th></tr>
<tr><th>教学过程与教学内容</th><th>教师活动</th><th>学生活动</th></tr>
<tr><td>【课前准备】
1. 巡查教学环境。
2. 督促学生将手机关机，集中放入手机袋，统一保管。
3. 指导学生自查课堂学习材料的准备情况。
4. 发放习题册。
5. 考勤。</td><td>督促学生完成课前准备。（课前2 min内）</td><td>按要求完成课前准备。</td></tr>
<tr><td>【复习提问】
1. 直流电流表和直流电压表的核心采用什么测量机构？
2. 磁电系测量机构由哪几部分组成？游丝有何作用？
3. 磁电系测量机构的工作原理是什么？
4. 磁电系仪表有何优、缺点？</td><td>提出问题，分别请4位学生作答。（5 min左右）</td><td>思考并回答问题。</td></tr>
<tr><td>【教学引入】
目前使用的指针式直流电流表和直流电压表，绝大部分都是由磁电系测量机构配合适当的测量线路组成的。</td><td>利用实物和PPT授课。（55 min左右）</td><td>听讲，做笔记，回答教师提问，观看教师的实物演示，加深对知识点的理解。</td></tr>
<tr><td>【讲授新课】
二、直流电流表
1. 直流电流表的组成
在磁电系测量机构中，由于可动线圈的导线很细，而且电流要经过游丝，所以允许通过的电流很小，约为几微安到几百微安。如果要测量较大的电流，必须接入分流电阻，因此，磁电系电流表实际上是由磁电系测量机构与分流电阻并联组成的。由于磁电系电流表只能测量直流电流，故又称为直流电流表。</td><td>提示：可以采用直观演示、提问等方式进行。

提示：联系并联电路具有分流作用的原理来进行讲解。</td><td>对新知识进行必要的记录。</td></tr>
</table>

教学过程与教学内容	教师活动	学生活动
表头灵敏度是指磁电系测量机构的满刻度电流，一般为几十微安到几百微安。其值越小，说明测量机构的灵敏度越高。	提示：满刻度电流为几十微安到几百微安，其数值与可动线圈和游丝有关。	
2. 分流电阻的计算 设磁电系测量机构的内阻为 R_C，满刻度电流为 I_C，被测电流为 I_X，则分流电阻 R_A 的大小可以按下述步骤进行计算： （1）先计算电流量程扩大倍数 $n=\frac{I_X}{I_C}$。 （2）计算分流电阻 $R_A=\frac{R_C}{n-1}$。	提示：引导学生思考如何才能测量不同的大电流，并说明解决方式为并联不同阻值的电阻。	
上式说明，要使电流表量程扩大 n 倍，所并联的分流电阻应为测量机构内阻的 $\frac{1}{n-1}$。可见，对于同一测量机构，只要配上不同阻值的分流电阻，就能制成不同量程的直流电流表。 举例说明。	提示：提醒学生分流电阻 R_A 比内阻 R_C 小得多。	
3. 多量程直流电流表 多量程直流电流表一般采用并联不同阻值分流电阻的方法来扩大电流量程。按照分流电阻与测量机构连接方式的不同，其分流电路分为开路式和闭路式两种形式。 （1）开路式分流电路 当转换开关触点接触不良导致分流电路断开时，被测电流将全部流过测量机构从而使测量机构被烧毁。因此，开路式分流电路目前很少被应用。 （2）闭路式分流电路 当转换开关触点接触不良而导致被测电路断	提示：引导学生思考为什么需要多量程的电流表，并说明目的是精确测量不同大小的电流值。	

教学过程与教学内容	教师活动	学生活动
开时，它能够保证测量机构不被烧毁。所以，闭路式分流电路得到了广泛的应用。 三、直流电压表 1. 直流电压表的组成 根据欧姆定律，一只内阻为 R_C、满刻度电流为 I_C 的磁电系测量机构，本身就是一只量程为 $U_C=I_CR_C$ 的直流电压表，只是由于其电压量程太小而无实际使用价值。如果需要测量更高的电压，就必须扩大其电压量程。根据串联电阻具有分压作用的原理，扩大电压量程的方法就是给测量机构串联一只分压电阻 R_V。可见，磁电系直流电压表是由磁电系测量机构与分压电阻串联组成的。	提示：联系串联电路具有分压作用的原理来进行讲解。	
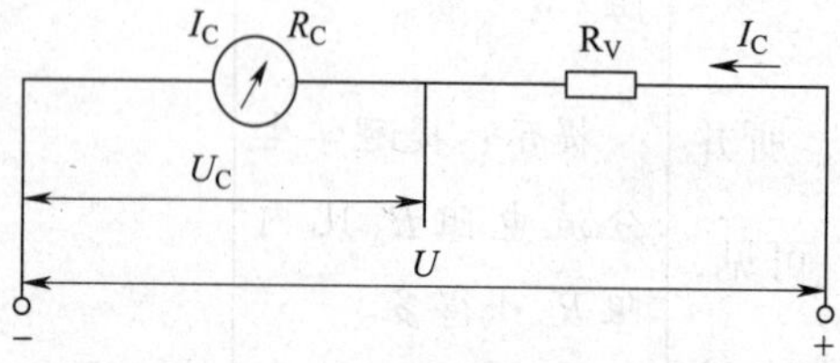		
设磁电系测量机构的额定电压为 $U_C=I_CR_C$，串联适当的分压电阻后，可使电压量程扩大为 U。此时，通过测量机构的电流仍为 I_C，且 I_C 与被测电压 U 成正比。所以，可以用仪表指针偏转角的大小来反映被测电压的数值。 2. 分压电阻的计算 （1）计算磁电系测量机构的额定电压 $U_C=I_CR_C$。 （2）计算电压量程扩大倍数 $m=\frac{U}{U_C}$。 （3）计算所需串联的分压电阻 $R_V=(m-1)R_C$。		
上式说明，要使电压表量程扩大 m 倍，需要串联的分压电阻是测量机构内阻的（m−1）倍。 举例说明。	提示：提醒学生分压电阻 R_V 比内阻 R_C 大得多。	

教学过程与教学内容	教师活动	学生活动
3. 多量程直流电压表 多量程直流电压表由磁电系测量机构与不同阻值的分压电阻串联组成，通常采用共用式分压电路。这种电路的优点是高量程分压电阻共用了低量程的分压电阻，达到了节约材料的目的；缺点是一旦低量程分压电阻损坏，则高量程电压挡也将不能使用。	提示：引导学生思考为什么需要多量程的电压表，并说明其目的是精确测量不同大小的电压值。 提示：结合万用表的实物进行教学。	
【课堂小结】 带领学生围绕以下问题，对本节课所学内容进行小结。 1. 直流电流表由哪几部分组成？ 2. 多量程直流电流表采用哪种分流电路？为什么？ 3. 如何扩大直流电压表的量程？ 4. 多量程直流电压表采用哪种分压电路？为什么？	简明扼要地回顾本节课所学的知识要点，突出本节课的知识重点和难点。（10 min 左右）	听讲，做笔记。有问题可以现场提问。
【课后作业】 习题册 P10～13　一、5～8　二、6～10 三、5～8　四、3～4 五、1～3	着重点评上节课作业共性的问题。发布本节课的作业，提醒学生需要注意之处。（5 min 左右）	对照自己的习题册，若有问题可以课后咨询。

§2-2 数字式电压基本表

<table>
<tr><td colspan="6">教案首页</td></tr>
<tr><td>序号</td><td>9</td><td>名称</td><td colspan="3">数字式电压基本表</td></tr>
<tr><td colspan="3">授课班级</td><td colspan="2">授课日期</td><td>授课时数</td></tr>
<tr><td colspan="3"></td><td colspan="2">年 月 日</td><td>2</td></tr>
<tr><td colspan="3"></td><td colspan="2">年 月 日</td><td>2</td></tr>
<tr><td>教学目标</td><td colspan="5">通过本节课的教学，使学生达到以下要求：
1. 熟悉数字式电压基本表的组成及各部分的作用。
2. 理解 CC7106 型 A/D 转换器的组成及作用。
3. 了解数码显示器的分类和用途。
4. 掌握数字式仪表的特点。</td></tr>
<tr><td>教学重、难点及解决办法</td><td colspan="5">重　　点：1. 数字式电压基本表的组成及各部分的作用。
2. 数字式仪表的特点。
难　　点：CC7106 型 A/D 转换器的组成及作用。
解决办法：采用与指针式仪表的结构相比较的学习方法，解决教学的重点。针对教学的难点，先解释清楚数字式仪表的基本概念，再对 A/D 转换器的作用和组成进行分析和讲解。</td></tr>
<tr><td>授课教具</td><td colspan="5">数字式电压基本表、多媒体教学设备。</td></tr>
<tr><td>授课方法</td><td colspan="5">讲授法，直观演示法。</td></tr>
<tr><td>教学思路和建议</td><td colspan="5">本节课教学的关键是对数字式仪表的核心——数字式电压基本表展开讨论和学习。虽然教材只安排了讲解数字式电压基本表的结构框图的内容，但也说明了许多新的概念和定义。要避免深入分析 A/D 转换器具体的结构和工作原理，根据学生的实际情况，调整教学内容，保证教学的顺利开展。</td></tr>
<tr><td>审批意见</td><td colspan="5">签字：
年 月 日</td></tr>
</table>

教 学 活 动		
教学过程与教学内容	教师活动	学生活动
【课前准备】 1. 巡查教学环境。 2. 督促学生将手机关机，集中放入手机袋，统一保管。 3. 指导学生自查课堂学习材料的准备情况。 4. 发放习题册。 5. 考勤。	督促学生完成课前准备。（课前2 min内）	按要求完成课前准备。
【复习提问】 1. 如何扩大直流电流表的量程？ 2. 如何扩大直流电压表的量程？ 3. 指针式仪表有哪些特点？	提出问题，分别请3位学生作答。（5 min左右）	思考并回答问题。
【教学引入】 指针式直流仪表的核心是磁电系测量机构，而数字式仪表的核心是数字式电压基本表，并且二者的测量电路也有较大的不同。尽管如此，它们的作用都是相同的，就是用来测量直流电压或直流电流。	利用实物和PPT授课。（55 min左右） 提示：可以采用直观演示、提问等方式进行。	听讲，做笔记，回答教师提问，观看教师的实物演示，加深对知识点的理解。
此外，数字式仪表与指针式仪表相比，具有准确度高、测量速率快等优点。	提示：引导学生思考什么是模拟量，什么是数字量。	
【讲授新课】 数字式仪表是利用A/D转换器，将被测的模拟量自动地转换成数字量，然后再进行测量，并将测量的结果以数字形式显示的电工测量仪表。		对新知识进行必要的记录。
一、数字式电压基本表的组成 数字式电压基本表的任务是用A/D转换器把被测电量的电压模拟量转换成数字量并送入计数器中，再通过译码器将其变换成笔段码，最终驱动显示器显示出相应的数值。	提示：在教材图2-2-1中，先行讲解逻辑控制器、时钟脉冲发生器，让学生了解其作用。	

教学过程与教学内容	教师活动	学生活动
一般数字式电压基本表主要包括模拟电路和数字电路两大部分，如教材图 2–2–1 所示，其各部分的作用见教材表 2–2–1。	提示：教材图 2–2–1 中，大部分电路功能由一块大规模集成电路完成，图中不易集成的元件在集成电路的外部，可由此引出 CC7106 型 A/D 转换器。	
二、CC7106 型 A/D 转换器 为了对模拟量进行数字化测量，必须将被测的模拟量转换成数字量，完成这种转换的装置是 A/D 转换器。A/D 转换器是数字式电压基本表的核心。 CC7106 型 A/D 转换器是目前应用较广的一种 $3\frac{1}{2}$位 A/D 转换器，许多袖珍式数字电压表都采用这种芯片来完成模 / 数转换。	提示：对照 CC7106 型 A/D 转换器实物，首先对新的概念作讲解，重点讲授转换器的引脚功能、作用、有哪些外部电路等。	
CC7106 型 A/D 转换器采用双列直插式塑料或陶瓷封装，共 40 个引脚。	提示：引导学生思考如何识别集成电路引脚的排列顺序。	
三、数码显示器 数字式仪表一般采用发光二极管式（LED）显示器和液晶（LCD）显示器。 1. 发光二极管式显示器 2. 液晶显示器	提示：对照七段发光二极管实物，重点讲解七段笔画组成一个数字的过程，由此引出数字式仪表常用的两类显示器。	

教学过程与教学内容	教师活动	学生活动
四、典型的数字式电压基本表 由CC7106型A/D转换器组成的$3\frac{1}{2}$位数字式电压基本表的典型电路如教材图2-2-6所示。 数字式电压基本表的工作过程分为三步：第一步，输入模拟量直流电压；第二步，A/D转换器将模拟量直流电压变换成数字量脉冲输出；第三步，计数器检测脉冲数，由译码显示电路以数字形式显示被测电压值。	提示：重点讲解$3\frac{1}{2}$位的含义为在显示的数字中后三位能够显示数字0~9，前一位只能显示数字0或1。引导学生准确理解$3\frac{1}{2}$位数字式仪表的最大显示值为1999。	
五、数字式仪表的特点 1. 显示清晰直观，读数准确。 2. 分辨率高。 3. 输入阻抗高。 4. 扩展能力强。 5. 测量速率快。 6. 抗干扰能力强。 7. 准确度高。 8. 集成度高，功耗小。	提示：重点讲解数字式仪表为什么会具有这些特点，这些特点和指针式仪表相比较有何长处。	
【课堂小结】 带领学生围绕以下问题，对本节课所学内容进行小结。 1. 什么是数字式仪表？数字式仪表的核心是什么？ 2. 数字式仪表由哪几部分组成？各有什么作用？ 3. 什么是A/D转换器？其特点是什么？ 4. 常用的数码显示器有哪些？ 5. $3\frac{1}{2}$位数字式电压基本表的$3\frac{1}{2}$位是何含义？	简明扼要地回顾本节课所学的知识要点，突出本节课的知识重点和难点。（10 min左右）	听讲，做笔记。有问题可以现场提问。

教学过程与教学内容	教师活动	学生活动
6. 数字式电压基本表的工作过程是怎样的? 7. 数字式仪表有哪些特点? 【课后作业】 习题册 P13 ~ 14。	着重点评上节课作业共性的问题。发布本节课的作业，提醒学生需要注意之处。(5 min 左右)	对照自己的习题册，若有问题可以课后咨询。

§2-3 数字式直流电压表与电流表

<table>
<tr><th colspan="5">教案首页</th></tr>
<tr><td>序号</td><td>10</td><td>名称</td><td colspan="2">数字式直流电压表与电流表</td></tr>
<tr><td colspan="3">授课班级</td><td>授课日期</td><td>授课时数</td></tr>
<tr><td colspan="3"></td><td>年 月 日</td><td>2</td></tr>
<tr><td colspan="3"></td><td>年 月 日</td><td>2</td></tr>
<tr><td>教学目标</td><td colspan="4">通过本节课的教学，使学生达到以下要求：
1. 了解数字式直流电压表和电流表的功能和选型。
2. 掌握数字式直流电压表和电流表接线的方法和规则。
3. 熟悉数字式直流电压表和电流表的显示面板、参数设置。</td></tr>
<tr><td>教学重、难点及解决办法</td><td colspan="4">重　　点：数字式直流电压表和电流表接线的方法和规则。
难　　点：数字式直流电压表和电流表的显示面板、参数设置。
解决办法：通过直观演示法，对数字式直流电压表和电流表进行接线演示，随后利用通电的数字式直流电压表和电流表，进行参数设置演示。</td></tr>
<tr><td>授课教具</td><td colspan="4">数字式直流电压表、数字式直流电流表、多媒体教学设备。</td></tr>
<tr><td>授课方法</td><td colspan="4">讲授法，直观演示法。</td></tr>
<tr><td>教学思路和建议</td><td colspan="4">本节课的教学关键是数字式直流电压表和电流表接线的方法。虽然教材安排了讲解接线的接线图，但应结合实际教学情况，通过直观演示法，直观地表达教学内容，保证教学的顺利开展。</td></tr>
<tr><td>审批意见</td><td colspan="4">

签字：
年 月 日</td></tr>
</table>

教学活动		
教学过程与教学内容	教师活动	学生活动
【课前准备】 1. 巡查教学环境。 2. 督促学生将手机关机，集中放入手机袋，统一保管。 3. 指导学生自查课堂学习材料的准备情况。 4. 发放习题册。 5. 考勤。	督促学生完成课前准备。（课前2 min内）	按要求完成课前准备。
【复习提问】 1. 什么是数字式仪表？数字式仪表的核心是什么？ 2. 什么是A/D转换器？其特点是什么？ 3. $3\frac{1}{2}$位数字式电压基本表的$3\frac{1}{2}$位是何含义？ 4. 数字式仪表有哪些特点？	提出问题，分别请4位学生作答。（5 min左右）	思考并回答问题。
【教学引入】 数字式仪表的原理较为复杂，各种型号、功能不同的仪表原理也不尽相同。其共同之处在于都是由电子元器件组成，都是将被测的模拟量转换成数字量（A/D转换），最终由数码显示器来显示被测量的数值。 数字式直流仪表产品的种类较多，尽管它们的复杂程度不同，其组成原则基本相同。	利用实物和PPT授课。（55 min左右） 提示：可以采用直观演示、提问等方式进行。	听讲，做笔记，回答教师提问，观看教师的实物演示，加深对知识点的理解。
【讲授新课】 **一、数字式直流仪表的功能** SPA-96BD系列数字式直流电压表和电流表专为光伏系统、移动电信基站、直流屏等电力监控而设计，可以测量并显示直流数值。 **二、数字式直流仪表的型号说明** 1. 数字式直流电压表的型号说明 2. 数字式直流电流表的型号说明	提示：充分利用本教材提供的微视频，结合讲课内容和实训要求展开授课。	对新知识进行必要的记录。

教学过程与教学内容	教师活动	学生活动
三、数字式直流仪表接线方式 1. 数字式直流电压表接线方式 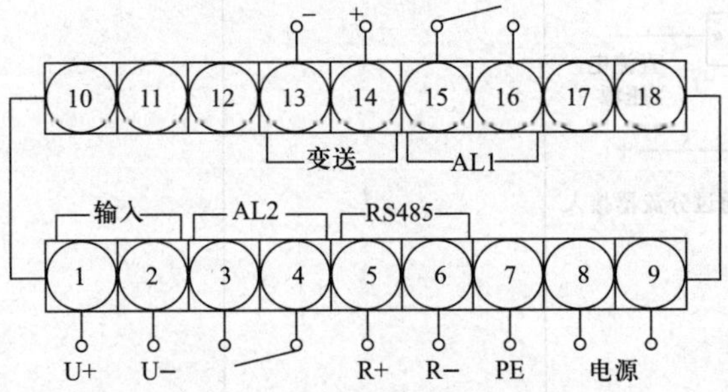 	提示：可通过演示数字式直流电压表和电流表实物的接线详细说明各端子的作用。	
当被测量的电压值在仪表范围内时，数字式直流电压表可直接接入。如果被测量的电压值超出范围，则须通过电压霍尔传感器接入。 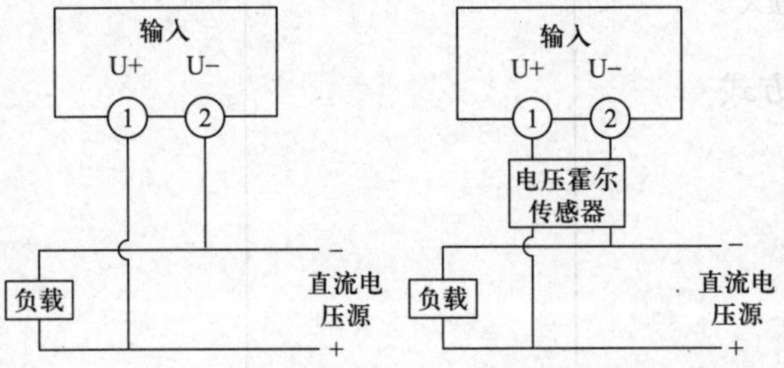 a）电压≤1000V时直接接入　　b）电压＞1000V时通过霍尔传感器接入	提示：重点介绍两种不同接线方式的使用场合。	
2. 数字式直流电流表接线方式 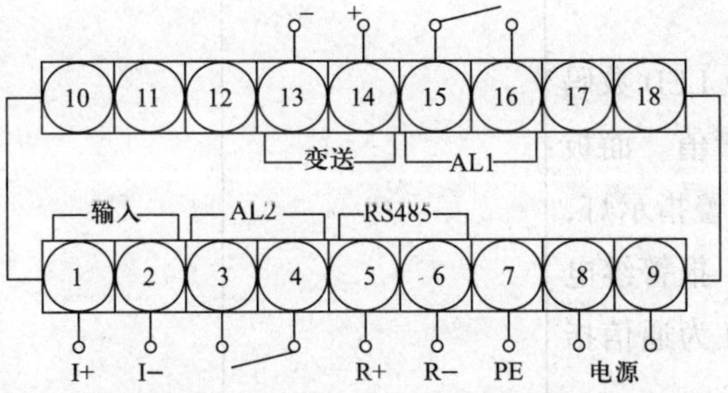 		
当被测量的电流值在仪表范围内时，数字式直流电流表可直接接入。如果被测量的电流值超出范围，则须通过分流器或穿孔式电流霍尔传感器接入。	提示：重点介绍三种不同接线方式的使用场合。	

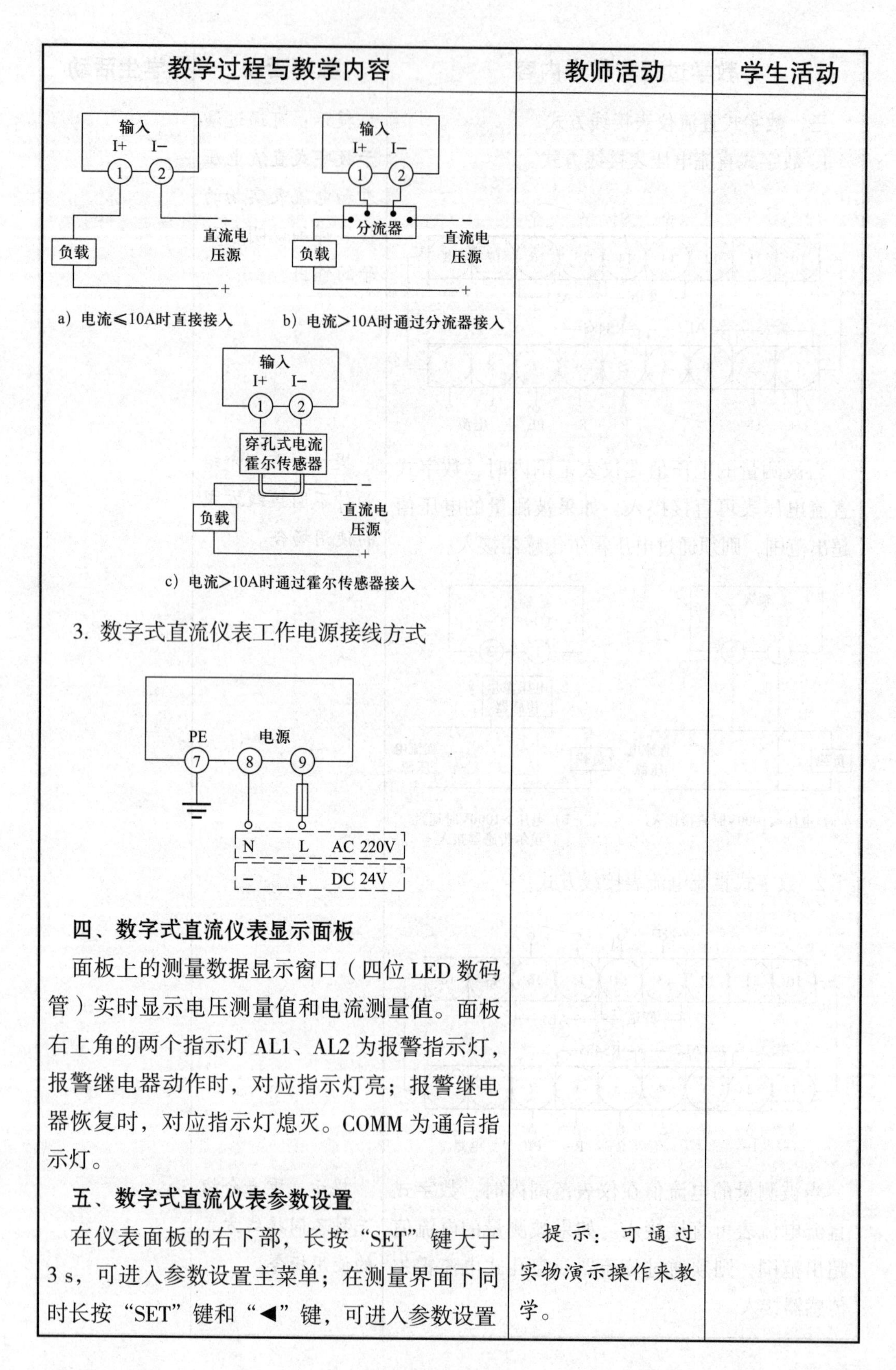

教学过程与教学内容	教师活动	学生活动
a）电流≤10A时直接接入 b）电流＞10A时通过分流器接入 c）电流＞10A时通过霍尔传感器接入 3. 数字式直流仪表工作电源接线方式 **四、数字式直流仪表显示面板** 面板上的测量数据显示窗口（四位 LED 数码管）实时显示电压测量值和电流测量值。面板右上角的两个指示灯 AL1、AL2 为报警指示灯，报警继电器动作时，对应指示灯亮；报警继电器恢复时，对应指示灯熄灭。COMM 为通信指示灯。 **五、数字式直流仪表参数设置** 在仪表面板的右下部，长按“SET”键大于 3 s，可进入参数设置主菜单；在测量界面下同时长按“SET”键和“◀”键，可进入参数设置	提示：可通过实物演示操作来教学。	

教学过程与教学内容	教师活动	学生活动
子菜单。进入参数设置界面后，按“SET”键可选择需修改的参数，选定参数后按“◀”键可进入参数修改界面，此时按“◀”键可实现移位，按“▲”“▼”键可修改闪烁数码管的数值，参数修改完成后，按“SET”键确认。在参数设置界面中，长按“◀”键大于3 s，可返回仪表测量显示界面。		
六、数字式直流仪表通信 Modbus-RTU通信协议允许SPA系列仪表与施耐德、西门子、AB、GE等品牌的可编程序控制器（PLC）、分散控制系统（DCS）、数据采集与监控系统（SCADA系统）以及其他具有Modbus-RTU标准通信协议的监控系统之间进行信息交换和数据传送。	提示：此为当前科技发展的趋势。	
【课堂小结】 带领学生围绕以下问题，对本节课所学内容进行小结。 1. 数字式直流电压表和电流表接线的方法和规则有哪些？ 2. 数字式直流电压表和电流表的参数设置的方法是什么？	简明扼要地回顾本节课所学的知识要点，突出本节课的知识重点和难点。（10 min左右）	听讲，做笔记。有问题可以现场提问。
【课后作业】 习题册P15。	着重点评上节课作业共性的问题。发布本节课的作业，提醒学生需要注意之处。（5 min左右）	对照自己的习题册，若有问题可以课后咨询。

实训 1 用电流表和电压表测量直流电路的参数

<table>
<tr><th colspan="5">教案首页</th></tr>
<tr><td>序号</td><td>11</td><td>名称</td><td colspan="2">用电流表和电压表测量直流电路的参数</td></tr>
<tr><td colspan="3">授课班级</td><td>授课日期</td><td>授课时数</td></tr>
<tr><td colspan="3"></td><td>年 月 日</td><td>2</td></tr>
<tr><td colspan="3"></td><td>年 月 日</td><td>2</td></tr>
<tr><td>教学目标</td><td colspan="4">通过本节课的教学，使学生达到以下要求：
1. 理解指针式磁电系仪表的结构和工作原理。
2. 掌握指针式和数字式直流仪表接线的方法和规则。
3. 掌握直流电路中电流和电压的测量方法。</td></tr>
<tr><td>教学重、难点及解决办法</td><td colspan="4">重　　点：1. 指针式磁电系仪表的结构。
2. 指针式和数字式直流仪表接线的方法和规则。
难　　点：直流电路中电流和电压的测量方法。
解决办法：通过演示和巡回指导，解决以上问题。</td></tr>
<tr><td>授课教具</td><td colspan="4">实训实验器材、多媒体教学设备。</td></tr>
<tr><td>授课方法</td><td colspan="4">讲授法，直观演示法，实验法。</td></tr>
<tr><td>教学思路和建议</td><td colspan="4">对于实训实验课程，首先分析实训实验的目的，其次介绍使用的实训实验器材，然后进行演示操作，最后由学生进行操作，教师巡回指导。只有这样，才能达到实训实验的目的。</td></tr>
<tr><td>审批意见</td><td colspan="4">签字：
年　月　日</td></tr>
</table>

教学活动		
教学过程与教学内容	教师活动	学生活动
【课前准备】 1. 巡查教学环境。 2. 督促学生将手机关机，集中放入手机袋，统一保管。 3. 指导学生自查课堂学习材料的准备情况。 4. 发放习题册。 5. 考勤。	督促学生完成课前准备。（课前 2 min 内）	按要求完成课前准备。
【复习提问】 1. 数字式直流电压表和电流表接线的方法和规则有哪些？ 2. 数字式直流电压表和电流表的参数设置的方法是什么？	提出问题，分别请 2 位学生作答。（5 min 左右）	思考并回答问题。
【教学引入】 教师解答电工仪表实训的目的是什么，为什么要进行实训，实训需要注意哪些问题。	利用实物和 PPT 授课。（55 min 左右）	听讲，做笔记，回答教师提问，观看教师的实物演示，加深对知识点的理解。
【讲授新课】 一、实训内容及步骤 1. 外观检查 2. 直流电流的测量 （1）按教材图 2–3–8 所示测量电路接线。 PA mA + − S I U R1 R2 V PV1 V PV2	提示：充分利用本教材提供的微视频，结合讲课内容和实训要求展开授课。 提示：可对关键步骤进行演示操作。	对新知识进行必要的记录。

教学过程与教学内容	教师活动	学生活动
（2）接通直流稳压电源 15 V，用指针式直流电流表测量电路的电流 I，填入教材表 2–3–4 中。 （3）接通直流稳压电源 15 V，合上开关，再次用指针式直流电流表测量电路的直流电流 I，填入教材表 2–3–4 中。 （4）断开直流稳压电源 15 V。 （5）将指针式直流电流表更换为数字式直流电流表，重复上述步骤，将测量结果填入教材表 2–3–4 中。 （6）分析使用指针式直流电流表和数字式直流电流表的测量结果有何不同。 3. 直流电压的测量 （1）按教材图 2–3–8 所示测量电路接线。 （2）接通直流稳压电源 15 V，用两种不同量程等级的指针式直流电压表分别测量电阻 R1 和 R2 两端的电压，将结果填入教材表 2–3–5 中。 （3）断开直流稳压电源 15 V。 （4）将指针式直流电压表更换为数字式直流电压表，重复上述步骤，将测量结果填入教材表 2–3–5 中。 （5）分析使用不同规格的直流电压表的测量结果有何不同。 4. 清理场地并归置物品 **二、实训注意事项** 在使用电流表和电压表之前，要根据被测电量的性质和大小选择合适的仪表和量程，然后按要求进行接线。 1. 直流电流表的使用 测量电路的直流电流时，要将电流表串联在被测电路中，同时要注意仪表的极性和量程，如教材图 2–3–8 所示。使用指针式电流表时要保证使被测电流从仪表的“+”端流入，“–”端流出，以避免指针反转而损坏仪表。使用数字	提示：可结合实训过程中出现的问题和需要注意之处讲解。	

教学过程与教学内容	教师活动	学生活动
式电流表时要注意接线的端子号和正负极性。 2. 直流电压表的使用 测量电路的直流电压时，应将电压表并联在被测电路或负载的两端，使用指针式电压表时要注意接线端钮上的正负极性标记，以避免指针反转而损坏仪表。使用数字式电压表时要注意接线的端子号和正负极性。 3. 一定要检查电路连接是否正确，并经实训指导教师同意后方能进行通电实训。 **三、实训测评** 根据教材表 2–3–6 中的评分标准对实训进行测评，并将评分结果填入表中。		
【课堂小结】		
带领学生围绕以下问题，对本节课所学内容进行小结。 1. 直流电流的测量方法是什么？ 2. 直流电压的测量方法是什么？ 3. 测量和仪表使用的注意事项有哪些？	简明扼要地回顾本节课所学的知识要点，突出本节课的知识重点和难点。（10 min 左右）	听讲，做笔记。有问题可以现场提问。
【课后作业】		
复习本次实训课的内容，简述电流表和电压表测量直流电路的使用注意事项。	着重点评上节课作业共性的问题。发布本节课的作业，提醒学生需要注意之处。（5 min 左右）	对照自己的习题册，若有问题可以课后咨询。

第三章
交流电流和交流电压的测量

§3-1　指针式交流电流表与电压表

<table>
<tr><td colspan="6">教 案 首 页</td></tr>
<tr><td>序号</td><td>12</td><td>名称</td><td colspan="3">指针式交流电流表与电压表 1</td></tr>
<tr><td colspan="3">授课班级</td><td colspan="2">授课日期</td><td>授课时数</td></tr>
<tr><td colspan="3"></td><td colspan="2">年　月　日</td><td>2</td></tr>
<tr><td colspan="3"></td><td colspan="2">年　月　日</td><td>2</td></tr>
<tr><td>教学目标</td><td colspan="5">通过本节课的教学，使学生达到以下要求：
1. 熟悉电磁系测量机构的结构。
2. 理解电磁系测量机构的工作原理。
3. 熟悉电磁系测量机构的优、缺点。</td></tr>
<tr><td>教学重、难点及解决办法</td><td colspan="5">重　　点：电磁系测量机构的结构。
难　　点：电磁系测量机构的工作原理。
解决办法：通过与磁电系测量机构的结构、工作原理和优、缺点等比较的学习方法，加深学生对电磁系测量机构的理解。</td></tr>
<tr><td>授课教具</td><td colspan="5">指针式交流电流表和电压表、多媒体教学设备。</td></tr>
<tr><td>授课方法</td><td colspan="5">讲授法，直观演示法，比较法。</td></tr>
<tr><td>教学思路和建议</td><td colspan="5">本节课采用比较的学习方法，既可复习磁电系测量机构的结构、工作原理和优、缺点，又能讲清楚电磁系测量机构的结构、工作原理和优、缺点，取得举一反三的效果。在教学的过程中，应要求学生充分理解通电线圈和磁场之间的关系，这样才能使其进一步地学习好本节课的内容。</td></tr>
<tr><td>审批意见</td><td colspan="5">签字：
年　　月　　日</td></tr>
</table>

<table>
<tr><th colspan="3">教学活动</th></tr>
<tr><th>教学过程与教学内容</th><th>教师活动</th><th>学生活动</th></tr>
<tr><td>【课前准备】
1. 巡查教学环境。
2. 督促学生将手机关机，集中放入手机袋，统一保管。
3. 指导学生自查课堂学习材料的准备情况。
4. 考勤。</td><td>督促学生完成课前准备。（课前 2 min 内）</td><td>按要求完成课前准备。</td></tr>
<tr><td>【复习提问】
1. 直流电流的测量方法是什么？
2. 直流电压的测量方法是什么？
3. 测量和仪表使用的注意事项有哪些？</td><td>提出问题，分别请 3 位学生作答。（5 min 左右）</td><td>思考并回答问题。</td></tr>
<tr><td>【教学引入】
在实际生产中，交流电的获得比直流电容易，电压的改变也很方便，因此交流电的使用范围更广泛。这使得在电能的产生、传输和使用过程中，使用的几乎都是交流仪表。目前指针式交流电流表和交流电压表大部分采用电磁系测量机构，也有采用整流系测量机构的，只有在极少数的场合，如要求测量精度很高的实验室，才会采用电动系测量机构。随着时代的发展，数字式交流电流表和交流电压表的应用也越来越广泛。</td><td>利用实物和 PPT 授课。（55 min 左右）</td><td>听讲，做笔记，回答教师提问，观看教师的实物演示，加深对知识点的理解。</td></tr>
<tr><td>【讲授新课】
测量交流电流和电压的专用仪表就是交流电流表和交流电压表。
一、电磁系测量机构
1. 电磁系测量机构的结构
电磁系测量机构主要由固定线圈和可动软磁铁片组成。根据其结构形式的不同，可分为吸引型和排斥型两类。
（1）吸引型测量机构
吸引型测量机构的固定线圈和偏心地装在转轴上的可动铁片组成了产生转动力矩的装置。</td><td>提示：可以采用直观演示、提问等方式进行。
提示：和磁电系测量机构的结构做对比分析。</td><td>对新知识进行必要的记录。</td></tr>
</table>

教学过程与教学内容	教师活动	学生活动
转轴上还装有指针、阻尼片和游丝等。另外，为防止磁感应阻尼器中永久磁铁的磁场对线圈磁场产生影响，在永久磁铁前加装了用导磁性能良好的材料制成的磁屏蔽。 在电磁系测量机构中，游丝只有产生反作用力矩的作用，而不通过被测电量的电流。 （2）排斥型测量机构 排斥型测量机构的固定部分包括固定线圈以及固定在线圈内侧壁上的固定铁片。可动部分包括固定在转轴上的可动铁片、游丝、指针及阻尼片等，阻尼装置采用了磁感应阻尼器。 2. 电磁系测量机构的工作原理和特点 （1）吸引型电磁系测量机构的工作原理 如教材图 3-1-5 所示，当固定线圈通电后，线圈产生磁场 B，将可动铁片磁化并对铁片产生吸引力，使固定在同一转轴上的指针随之发生偏转，同时游丝产生反作用力矩。线圈中电流越大，磁化作用越强，指针偏转角就越大。当游丝产生的反作用力矩与转动力矩相平衡时，指针就稳定地停留在某一位置，指示出被测电量的大小。显然，当通过线圈的电流方向改变而大小不变时，线圈产生的磁场极性及可动铁片被磁化的极性也同时改变，但它们之间的作用力仍是吸引力，转动力矩的大小和方向也不变，保证了指针偏转角不会改变。所以，吸引型电磁系测量机构可用来组成交、直流两用仪表。 （2）排斥型电磁系测量机构的工作原理 如教材图 3-1-6 所示，当电流通过固定线圈时，产生磁场 B，使固定铁片和可动铁片同时磁化，且两铁片的同一侧为相同的极性。由于同性磁极相互排斥，其产生的转动力矩使可动	提示：和磁电系测量机构的游丝作用做对比分析。 提示：和磁电系测量机构的工作原理做对比分析。	

教学过程与教学内容	教师活动	学生活动
铁片转动，带动指针偏转。当游丝产生的反作用力矩与转动力矩相平衡时，指针就停留在某一位置，指示出被测量的大小。如果线圈中电流方向改变，线圈产生的磁场方向也会随之改变，两铁片的磁化极性也同时改变，但其相互间排斥力的方向不变。所以，排斥型电磁系测量机构组成的电磁系仪表同样适用于交、直流测量。 综上，电磁系测量机构的工作原理是利用通电的固定线圈产生磁场，使铁片磁化，然后利用线圈与铁片（吸引型）或铁片与铁片（排斥型）的相互作用产生转动力矩，带动指针偏转。 （3）指针偏转角与线圈中电流的关系 $M=K_1(NI)^2$ 在上式中，M 为转动力矩，K_1 为比例系数，N 为线圈匝数，I 为线圈中的电流。 上式说明，电磁系测量机构的转动力矩 M 与被测电流的平方成正比，因此可用来测量被测电流的大小。	提示：和磁电系测量机构做对比分析。	
3. 电磁系仪表的特点 （1）优点 既可测量直流，又可测量交流。 可直接测量较大电流，过载能力强，并且结构简单，制造成本低。	提示：引导学生思考为什么电磁系仪表交、直流都可以测量。	
（2）缺点 标度尺刻度不均匀。 易受外磁场影响。 4. 电磁系仪表减小外磁场影响的方法 （1）磁屏蔽 （2）无定位结构	提示：引导学生思考为什么标度尺刻度不均匀。	

教学过程与教学内容	教师活动	学生活动
【课堂小结】 带领学生围绕以下问题，对本节课所学内容进行小结。 1. 交流电流表和交流电压表的核心是什么？ 2. 电磁系测量机构的结构是什么？ 3. 吸引型电磁系测量机构的工作原理是什么？ 4. 排斥型电磁系测量机构的工作原理是什么？ 5. 指针偏转角与线圈中电流的关系是怎样的？ 6. 电磁系仪表的特点有哪些？	简明扼要地回顾本节课所学的知识要点，突出本节课的知识重点和难点。（10 min 左右）	听讲，做笔记。有问题可以现场提问。
【课后作业】 习题册 P16 ~ 17　一、1 ~ 5　二、1 ~ 3 三、1 ~ 3　四、1	发布本节课的作业，提醒学生需要注意之处。（5 min 左右）	对照自己的习题册，若有问题可以课后咨询。

<table>
<tr><th colspan="5">教案首页</th></tr>
<tr><td>序号</td><td>13</td><td>名称</td><td colspan="2">指针式交流电流表与电压表 2</td></tr>
<tr><td colspan="3">授课班级</td><td>授课日期</td><td>授课时数</td></tr>
<tr><td colspan="3"></td><td>年　月　日</td><td>2</td></tr>
<tr><td colspan="3"></td><td>年　月　日</td><td>2</td></tr>
<tr><td>教学目标</td><td colspan="4">通过本节课的教学，使学生达到以下要求：
1. 掌握交流电流表、电压表的组成。
2. 熟悉整流系测量机构的结构及工作原理。</td></tr>
<tr><td>教学重、难点及解决办法</td><td colspan="4">重　　点：1. 交流电流表、电压表的组成。
2. 整流系测量机构的结构。
难　　点：整流系测量机构的工作原理。
解决办法：通过与直流电流表、电压表的结构、工作原理等比较的学习方法，加深学生对交流电流表、电压表的理解。结合电子技术基础中的整流电路，分析整流系仪表中测量机构的结构和工作原理。</td></tr>
<tr><td>授课教具</td><td colspan="4">指针式交流电流表和电压表、多媒体教学设备。</td></tr>
<tr><td>授课方法</td><td colspan="4">讲授法，直观演示法，比较法。</td></tr>
<tr><td>教学思路和建议</td><td colspan="4">本节课采用比较的学习方法，既可复习直流电流表、电压表的结构、工作原理，又能讲清楚电磁系仪表的结构、工作原理和优、缺点，取得举一反三的效果。在教学的过程中，应重点强调电磁系交流电压表一般不制造成低量程电磁系交流电压表的原因，强调许多安装式交流电流表和电压表采用的是整流系仪表。</td></tr>
<tr><td>审批意见</td><td colspan="4">签字：
年　月　日</td></tr>
</table>

<table>
<tr><th colspan="3">教学活动</th></tr>
<tr><th>教学过程与教学内容</th><th>教师活动</th><th>学生活动</th></tr>
<tr><td>【课前准备】
1. 巡查教学环境。
2. 督促学生将手机关机，集中放入手机袋，统一保管。
3. 指导学生自查课堂学习材料的准备情况。
4. 发放习题册。
5. 考勤。</td><td>督促学生完成课前准备。（课前2 min内）</td><td>按要求完成课前准备。</td></tr>
<tr><td>【复习提问】
1. 电磁系测量机构由哪几部分组成？游丝的作用是什么？
2. 指针偏转角与线圈中电流的关系是怎样的？
3. 电磁系仪表的特点有哪些？</td><td>提出问题，分别请3位学生作答。（5 min左右）</td><td>思考并回答问题。</td></tr>
<tr><td>【教学引入】
交流电流表、电压表的核心都是电磁系测量机构或者整流系测量机构。</td><td>利用实物和PPT授课。（55 min左右）</td><td>听讲，做笔记，回答教师提问，观看教师的实物演示，加深对知识点的理解。</td></tr>
<tr><td>【讲授新课】
二、电磁系交流电流表
电磁系交流电流表通常由电磁系测量机构组成。由于电磁系交流电流表的固定线圈直接串联在被测电路中，所以，要制造不同量程的电流表时，只要改变线圈的线径和匝数即可，测量线路简单。</td><td>提示：可以采用直观演示、提问等方式进行。</td><td>对新知识进行必要的记录。</td></tr>
<tr><td>1. 安装式电磁系交流电流表
安装式电磁系交流电流表一般被制成单量程，但最大量程不得超过200 A。</td><td>提示：引导学生思考如果超过200 A怎么办，为后续课程中的电流互感器内容埋下伏笔。</td><td></td></tr>
</table>

教学过程与教学内容	教师活动	学生活动
2. 便携式电磁系交流电流表 为了方便使用，便携式电磁系交流电流表一般被制成多量程，但它不能采用并联分流电阻的方法扩大量程，一般将固定线圈分段，然后利用分段线圈进行串、并联。	提示：提醒学生注意此方法与直流电流表扩大量程的方法不同。	
三、电磁系交流电压表 电磁系交流电压表由电磁系测量机构与分压电阻串联组成。作为电压表，一般要求通过固定线圈的电流很小，但为了获得足够的转矩，又必须要有一定的励磁磁动势，所以其固定线圈匝数一般较多，并用较细的漆包线绕制。		
1. 安装式电磁系交流电压表 安装式电磁系交流电压表一般被制成单量程，但最大量程不超过 600 V。	提示：引导学生思考如果超过 600 V 怎么办，为后续课程中的电压互感器内容埋下伏笔。	
2. 便携式电磁系交流电压表 便携式电磁系交流电压表一般被制成多量程。 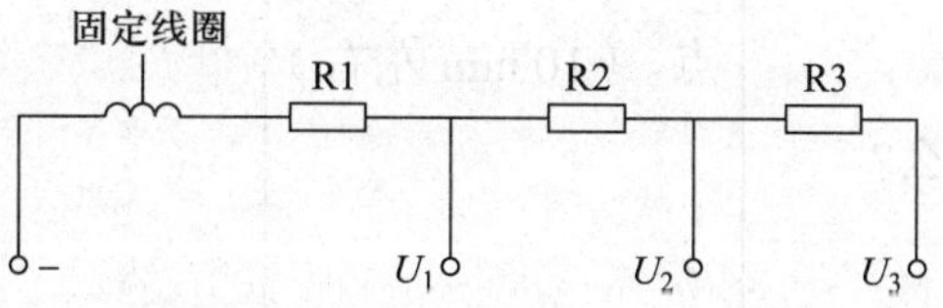 固定线圈　R1　R2　R3 −　U_1　U_2　U_3 为保证足够的励磁磁动势，要求电磁系交流电压表固定线圈的匝数尽量多。但是线圈匝数总是有限的，因此电流就不能太小，这就意味着分压电阻不能太大。所以，电磁系交流电压表的内阻较小，一般只有几十到几百欧姆，而其功耗较大，灵敏度较低，故一般不适合制造低量程的电磁系电压表。	提示：提醒学生注意此方法与直流电压表扩大量程的方法相同。	

<table>
<tr><th>教学过程与教学内容</th><th>教师活动</th><th>学生活动</th></tr>
<tr><td>四、整流系交流电流表和电压表
除前面所讲的电磁系交流电压表和电流表之外，目前，许多安装式交流电压表和电流表也采用了整流系仪表。通常把由磁电系测量机构和整流装置组成的仪表称为整流系仪表。整流系交流电压表就是在整流系仪表的基础上串联分压电阻组成的。
整流系仪表所指示的值应该是交流电的平均值，但是，交流电的大小习惯上是指交流电的有效值。为此，可根据交流电有效值与平均值之间的关系来刻度标度尺。这样，交流电压表的标度尺就可以直接按交流电压的有效值来进行刻度，即整流系交流电压表的读数是正弦交流电压的有效值。如果被测电压不是正弦波，将会产生波形误差，这是整流系交流电压表的一个主要缺点。</td><td>提示：向学生强调交流电压表的标度尺必须按照交流电压的有效值刻度。</td><td></td></tr>
<tr><td>【课堂小结】
带领学生围绕以下问题，对本节课所学内容进行小结。
1. 如何改变电磁系交流电流表的量程？
2. 如何改变电磁系交流电压表的量程？
3. 整流系仪表由哪几部分组成？
4. 整流电路中主要元器件的作用是什么？</td><td>简明扼要地回顾本节课所学的知识要点，突出本节课的知识重点和难点。（10 min 左右）</td><td>听讲，做笔记。有问题可以现场提问。</td></tr>
<tr><td>【课后作业】
习题册 P16 ~ 17　一、6 ~ 8　二、4 ~ 8
三、4　四、2 ~ 3
五</td><td>着重点评上节课作业共性的问题。发布本节课的作业，提醒学生需要注意之处。（5 min左右）</td><td>对照自己的习题册，若有问题可以课后咨询。</td></tr>
</table>

§3-2 数字式交流电压表与电流表

<table>
<tr><th colspan="5">教案首页</th></tr>
<tr><td>序号</td><td>14</td><td>名称</td><td colspan="2">数字式交流电压表与电流表</td></tr>
<tr><td colspan="3">授课班级</td><td>授课日期</td><td>授课时数</td></tr>
<tr><td colspan="3"></td><td>年 月 日</td><td>2</td></tr>
<tr><td colspan="3"></td><td>年 月 日</td><td>2</td></tr>
<tr><td>教学目标</td><td colspan="4">通过本节课的教学，使学生达到以下要求：
1. 了解数字式交流仪表的结构。
2. 掌握数字式交流仪表的选型、接线方式和通信。
3. 了解三相智能电力仪表的选型和接线方式。</td></tr>
<tr><td>教学重、难点及解决办法</td><td colspan="4">重　点：1. 数字式交流仪表的结构。
2. 数字式交流仪表的选型和接线方式。
难　点：数字式交流仪表接线端子的功能和含义。
解决办法：通过与指针式交流电流表、电压表比较的学习方法，加深学生对数字式交流电流表、电压表的理解。展示数字式交流仪表的实物，逐一介绍接线端子的功能和作用。</td></tr>
<tr><td>授课教具</td><td colspan="4">数字式交流电流表和电压表、多媒体教学设备。</td></tr>
<tr><td>授课方法</td><td colspan="4">讲授法，直观演示法，比较法。</td></tr>
<tr><td>教学思路和建议</td><td colspan="4">本节课采用比较的学习方法，通过对比数字式交流仪表与指针式交流仪表的结构、使用方法，加深学生对数字式交流仪表的理解，帮助其学习和掌握本节课的内容。</td></tr>
<tr><td>审批意见</td><td colspan="4">签字：
年 月 日</td></tr>
</table>

<table>
<tr><th colspan="3">教 学 活 动</th></tr>
<tr><th>教学过程与教学内容</th><th>教师活动</th><th>学生活动</th></tr>
<tr><td>【课前准备】
1. 巡查教学环境。
2. 督促学生将手机关机，集中放入手机袋，统一保管。
3. 指导学生自查课堂学习材料的准备情况。
4. 发放习题册。
5. 考勤。</td><td>督促学生完成课前准备。（课前 2 min 内）</td><td>按要求完成课前准备。</td></tr>
<tr><td>【复习提问】
1. 交流电流表和电压表的核心是什么？
2. 电磁系测量机构的结构是怎样的？
3. 电磁系仪表的特点有哪些？
4. 整流系仪表由哪几部分组成？</td><td>提出问题，分别请 4 位学生作答。（5 min 左右）</td><td>思考并回答问题。</td></tr>
<tr><td>【教学引入】
在数字式交流仪表中，为了提高测量的灵敏度和准确度，一般先将被测交流电压降压，经线性 AC/DC 转换器（提示学生不要和模拟 / 数字转换器的简称 A/D 转换器混淆）变换成微小直流电压，再送入电压基本表中进行测量。</td><td>利用实物和 PPT 授课。（55 min 左右）
提示：可以采用直观演示、提问等方式进行。</td><td>听讲，做笔记，回答教师提问，观看教师的实物演示，加深对知识点的理解。</td></tr>
<tr><td>【讲授新课】
一、数字式交流仪表结构
被测量的交流电压，经过线性 AC/DC 转换器，变换成数字式电压基本表能够接收的直流信号给 LCD 显示。由于放大器 062 的作用，线路避免了二极管在小信号整流时所引起的非线性失真，保证了仪表测量的准确性。
二、数字式交流仪表功能
SPC-96B 系列数字式交流仪表专门为工矿企业、民用建筑、楼宇自动化等行业的电力监控系统而设计。仪表采用交流采样技术，通过面</td><td>提示：结构讲清楚，说明过程，要强调放大器的作用。</td><td>对新知识进行必要的记录。</td></tr>
</table>

教学过程与教学内容	教师活动	学生活动
板按键设置参数，可直观显示系统电压、电流参数。该表配有 RS485 通信接口，通过标准的 Modbus-RTU 协议，可与各种组态系统兼容，从而把前端采集到的电压、电流量实时传送给系统数据中心。该系列数字式交流仪表可设置电压互感器和电流互感器的参数，以用于不同电压、电流等级的交流系统。 数字式交流电流表是在数字式交流电压表的基础上，将交流电流表与负载串联组成的，显示的是流经负载的电流值。 **三、数字式交流仪表型号说明** 1. 数字式交流电压表型号说明 型号 SPC-96BV-V30-R-A1 表示该仪表为数字式交流电压表，其输入信号为 AC 0 ~ 300 V，具有 RS485 通信输出功能，工作电源为 AC 220 V。 2. 数字式交流电流表型号说明 型号 SPC-96BA-A10-HL-A1 表示该仪表为数字式交流电流表，其输入信号为 AC 0 ~ 10 A，具有上下限报警功能，工作电源为 AC 220 V。	提示：可结合具体的电压表、电流表实物讲解。	
四、数字式交流仪表接线方式 1. 数字式交流电压表接线方式 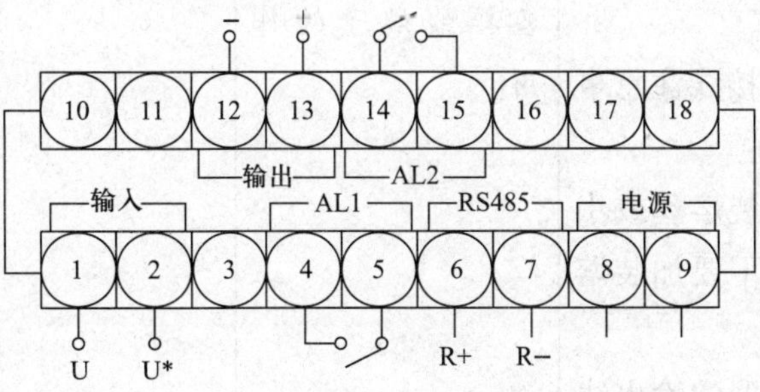	提示：可通过电压表和电流表实物的接线详细说明各接线端子的作用。	

教学过程与教学内容	教师活动	学生活动
2. 数字式交流电流表接线方式 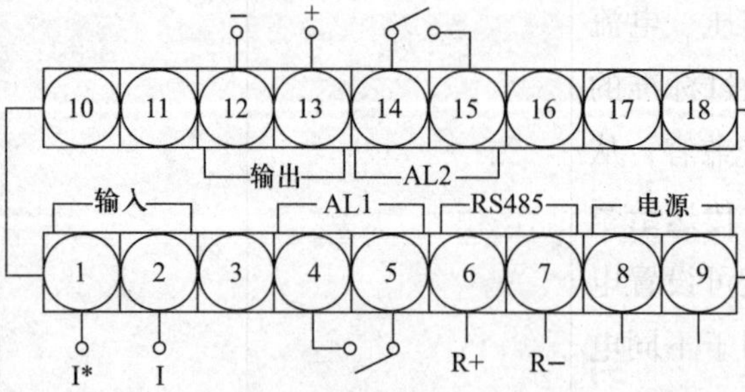 		
3. 数字式交流仪表工作电源的接线方式 数字式交流仪表工作电源的接线与数字式直流仪表工作电源的接线相同。 **五、数字式交流仪表通信**		
SPC 系列数字式交流仪表只要简单地增加一套基于计算机（或工控机）的监控软件（如组态王、Intouch、FIX、Synall 等）就可以构成一套电力监控系统。 **六、三相智能电力仪表** 三相智能电力仪表是一种能够采集多种配电信息，具备数据分析和传输功能的高性能数字智能电力仪表。 1. 三相智能电力仪表型号说明	提示：此为当前科技发展的趋势。	
型号 SPC660-445/R 表示三相智能电力仪表的电源供电方式为三相四线制，输入电压最大值为 400 V，输入电流最大值为 5 A，具有 1 路 RS485 通信输出功能。 2. 三相智能电力仪表接线端子和接线注意事项 （1）在电压输入端的相线上须加装熔丝或小型空气断路器。电流互感器出线上不要加装熔丝或小型空气断路器。 （2）工作电源不要接在电压互感器的输出线上，否则将会导致电压测量不准确。	提示：可通过三相智能电力仪表实物的接线详细说明各接线端子的作用。	

<table>
<tr><th>教学过程与教学内容</th><th>教师活动</th><th>学生活动</th></tr>
<tr><td>（3）确保输入电压与输入电流相对应，保证相号和相序一致，否则会出现测量数据或符号错误。
（4）如果使用的电流互感器上接有其他仪表，应采用串联方式连接该回路所有仪表。
（5）拆除仪表或修改电流输入连接线之前，一定要确保一次回路断电或者短接电流互感器二次回路。
（6）建议使用接线排，以便于短路和拆装。
（7）RS485 通信连接应使用优质带铜网的屏蔽双绞线。</td><td></td><td></td></tr>
<tr><td>【课堂小结】
带领学生围绕以下问题，对本节课所学内容进行小结。
1. 线性 AC/DC 转换器的作用是什么？
2. 放大器 062 的作用是什么？
3. 数字式交流仪表的选型和接线方式是怎样的？
4. 数字式交流仪表的通信构成是怎样的？
5. 三相智能电力仪表的作用是什么？</td><td>简明扼要地回顾本节课所学的知识要点，突出本节课的知识重点和难点。（10 min 左右）</td><td>听讲，做笔记。有问题可以现场提问。</td></tr>
<tr><td>【课后作业】
习题册 P18 ~ 19。</td><td>着重点评上节课作业共性的问题。发布本节课的作业，提醒学生需要注意之处。（5 min 左右）</td><td>对照自己的习题册，若有问题可以课后咨询。</td></tr>
</table>

实训 2 用电流表和电压表测量交流电路的参数

<table>
<tr><th colspan="4">教案首页</th></tr>
<tr><td>序号</td><td>15</td><td>名称</td><td colspan="2">用电流表和电压表测量交流电路的参数</td></tr>
<tr><td colspan="3">授课班级</td><td>授课日期</td><td>授课时数</td></tr>
<tr><td colspan="3"></td><td>年　月　日</td><td>2</td></tr>
<tr><td colspan="3"></td><td>年　月　日</td><td>2</td></tr>
<tr><td>教学目标</td><td colspan="4">通过本节课的教学，使学生达到以下要求：
1. 理解指针式电磁系仪表的结构和工作原理。
2. 掌握指针式和数字式交流仪表接线的方法和规则。
3. 掌握交流电路中电流和电压的测量方法。</td></tr>
<tr><td>教学重、难点及解决办法</td><td colspan="4">重　　点：1. 指针式交流仪表接线的方法和规则。
2. 数字式交流仪表接线的方法和规则。
难　　点：交流电路中电流和电压的测量方法。
解决办法：通过演示和巡回指导，解决以上问题。</td></tr>
<tr><td>授课教具</td><td colspan="4">实训实验器材、多媒体教学设备。</td></tr>
<tr><td>授课方法</td><td colspan="4">讲授法，直观演示法，实验法。</td></tr>
<tr><td>教学思路和建议</td><td colspan="4">对于实训实验课程，首先分析实训实验的目的，其次介绍使用的实训实验器材，然后进行演示操作，最后由学生进行操作，教师巡回指导。只有这样，才能达到实训实验的目的。</td></tr>
<tr><td>审批意见</td><td colspan="4">签字：
年　　月　　日</td></tr>
</table>

教学活动		
教学过程与教学内容	**教师活动**	**学生活动**
【课前准备】 1. 巡查教学环境。 2. 督促学生将手机关机，集中放入手机袋，统一保管。 3. 指导学生自查课堂学习材料的准备情况。 4. 发放习题册。 5. 考勤。	督促学生完成课前准备。（课前 2 min 内）	按要求完成课前准备。
【复习提问】 1. 线性 AC/DC 转换器的作用是什么？ 2. 放大器 062 的作用是什么？	提出问题，分别请 2 位学生作答。（5 min 左右）	思考并回答问题。
【教学引入】 教师解答电工仪表实训的目的是什么，为什么要进行实训，实训需要注意哪些问题。	利用实物和 PPT 授课。（55 min 左右）	听讲，做笔记，回答教师提问，观看教师的实物演示，加深对知识点的理解。
【讲授新课】 **一、实训内容及步骤** 1. 外观检查 主要检查仪表的外壳、指针、端钮、调零器、刻度盘、数字显示面板等是否完好无损，指针转动是否灵活，有无卡阻现象，必要的标志和极性符号是否清晰，表内有无元器件脱落等。 2. 交流电流的测量 （1）按教材图 3-2-8 所示测量电路接线。 （2）接通交流电源 220 V，用指针式交流电流表测量电路的电流 i，填入教材表 3-2-4 中。 （3）接通交流电源 220 V，合上开关，再次用指针式交流电流表测量电路的交流电流 i，填入教材表 3-2-4 中。	提示：可对关键步骤进行演示操作。	对新知识进行必要的记录。

教学过程与教学内容	教师活动	学生活动
（4）断开交流电源 220 V。 （5）将指针式交流电流表更换为数字式交流电流表，重复上述步骤，将测量的结果填入教材表 3–2–4 中。 （6）分析使用指针式交流电流表和数字式交流电流表的测量结果有何不同。 3. 交流电压的测量 （1）按教材图 3–2–8 所示测量电路接线。 （2）接通交流电源 220 V，用两种不同量程等级的指针式交流电压表，分别测量电源电压 u、电阻 R1 和 R2 两端的电压，将结果填入教材表 3–2–5 中。 （3）断开交流电源 220 V。 （4）将指针式交流电压表更换为数字式交流电压表，重复上述步骤，将测量的结果填入教材表 3–2–5 中。 （5）分析使用不同规格的交流电压表的测量结果有何不同。 4. 清理场地并归置物品		
二、实训注意事项 在使用电流表和电压表之前，要根据被测电量的性质和大小选择合适的仪表和量程，然后按要求进行接线。和测量直流参数不同，交流仪表接线端钮上无“+”“–”极性标记。	提示：可结合实训过程中出现的问题和需要注意之处讲解。	
三、实训测评 根据教材表 3–2–6 中的评分标准对实训进行测评，并将评分结果填入表中。		
【课堂小结】 带领学生围绕以下问题，对本节课所学内容进行小结。 1. 交流电流的测量方法是什么？	简明扼要地回顾本节课所学的知识要点，突出本节	听讲，做笔记。有问题可以现场提问。

教学过程与教学内容	教师活动	学生活动
2. 交流电压的测量方法是什么？ 3. 测量和仪表使用的注意事项有哪些？	课的知识重点和难点。（10 min 左右）	
【课后作业】 复习本次实训课的内容，简述电流表和电压表测量交流电路的使用注意事项。	着重点评上节课作业共性的问题。发布本节课的作业，提醒学生需要注意之处。（5 min 左右）	对照自己的习题册，若有问题可以课后咨询。

§3-3 仪用互感器

<table>
<tr><th colspan="5">教案首页</th></tr>
<tr><td>序号</td><td>16</td><td>名称</td><td colspan="2">仪用互感器</td></tr>
<tr><td colspan="3">授课班级</td><td>授课日期</td><td>授课时数</td></tr>
<tr><td colspan="3"></td><td>年 月 日</td><td>2</td></tr>
<tr><td colspan="3"></td><td>年 月 日</td><td>2</td></tr>
<tr><td>教学目标</td><td colspan="4">通过本节课的教学，使学生达到以下要求：
1. 熟悉仪用互感器的作用。
2. 掌握电流互感器的组成及使用方法。
3. 掌握电压互感器的组成及使用方法。</td></tr>
<tr><td>教学重、难点及解决办法</td><td colspan="4">重　　点：1. 电流互感器的组成、作用和使用方法。
2. 电压互感器的组成、作用和使用方法。
难　　点：1. 电流互感器的二次侧在运行中绝对不允许开路的原因。
2. 电压互感器的一次侧、二次侧在运行中绝对不允许短路的原因。
解决办法：引导学生思考，在工作中遇到测量的高电压和大电流超出仪表的最大量程的情况，该用什么方法解决。通过设问的形式，使学生理解仪用互感器的作用。再通过原理分析的方法，讲清楚电流互感器为什么不允许开路，电压互感器为什么不允许短路。</td></tr>
<tr><td>授课教具</td><td colspan="4">电流互感器、电压互感器、多媒体教学设备。</td></tr>
<tr><td>授课方法</td><td colspan="4">讲授法，直观演示法，实物展示法。</td></tr>
<tr><td>教学思路和建议</td><td colspan="4">单纯分析仪用互感器的作用，学生很难对其留下深刻印象，可通过设问的方式来加深学生对仪用互感器作用的理解。仪用互感器的原理需要讲解透彻，只有这样才能讲清楚电流互感器为什么不允许开路，电压互感器为什么不允许短路。</td></tr>
<tr><td>审批意见</td><td colspan="4">签字：
年　月　日</td></tr>
</table>

<table>
<tr><th colspan="3">教学活动</th></tr>
<tr><th>教学过程与教学内容</th><th>教师活动</th><th>学生活动</th></tr>
<tr><td>【课前准备】
1. 巡查教学环境。
2. 督促学生将手机关机，集中放入手机袋，统 保管。
3. 指导学生自查课堂学习材料的准备情况。
4. 考勤。</td><td>督促学生完成课前准备。（课前2 min内）</td><td>按要求完成课前准备。</td></tr>
<tr><td>【复习提问】
1. 电磁系交流电流表的电流量程为什么最高不能超过200 A？如果超过了，会产生什么后果?
2. 电磁系交流电压表的电压量程为什么最高不能超过600 V？如果超过了，会产生什么后果?</td><td>提出问题，分别请2位学生作答。（5 min左右）</td><td>思考并回答问题。</td></tr>
<tr><td>【教学引入】
实际生产中，一般的交流电流表和交流电压表的量程往往不能满足测量大电流、高电压的要求，这就需要利用仪用互感器来扩大交流仪表的量程。
仪用互感器是用来按比例变换交流电压或交流电流的仪器，它包括变换交流电压的电压互感器和变换交流电流的电流互感器。</td><td>利用实物和PPT授课。（55 min左右）
提示：可以采用直观演示、提问等方式进行。</td><td>听讲，做笔记，回答教师提问，观看教师的实物演示，加深对知识点的理解。</td></tr>
<tr><td>【讲授新课】
一、仪用互感器的作用
1. 扩大交流仪表的量程
在大电流、高电压的情况下，采用电阻分流和电阻分压的方法来扩大仪表量程已显得非常困难。
利用仪用互感器把大电流、高电压按比例地变换成小电流、低电压，再用低量程的仪表进行测量，就相当于扩大了交流仪表的量程，同时大大降低了仪表本身的功耗。</td><td>提示：引导学生思考，在大电流、高电压的情况下，如何进行测量。由此引出仪用互感器的作用。
提示：可以通过举例的方式分析。</td><td>对新知识进行必要的记录。</td></tr>
</table>

教学过程与教学内容	教师活动	学生活动
2. 测量高电压时保证工作人员和仪表的安全 仪用互感器能将高电压变换成低电压，并且使仪表与被测电路之间没有直接的电联系。 3. 有利于仪表生产的标准化，降低生产成本		
电压互感器二次侧的额定电压统一规定为100 V。电流互感器二次侧的额定电流统一规定为5 A。	提示：向学生强调此规定是国家统一规定。	
二、电流互感器 1. 电流互感器的构造与原理 电流互感器实际上是一个降流变压器，它能把一次侧的大电流变换成二次侧的小电流。因为变压器的一次侧、二次侧电流之比与一次侧、二次侧的匝数之比成倒数关系，所以电流互感器一次侧的匝数远少于二次侧的匝数，一般只有一匝到几匝。	提示：电流互感器是降流变压器，它将大电流变换为小电流。	
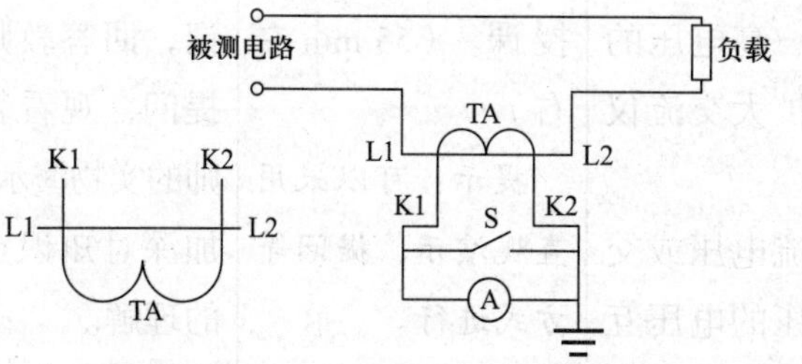 a）电流互感器符号　b）电流互感器接线图		
因为电流表的内阻一般很小，所以电流互感器在正常工作时接近于变压器的短路状态。 电流互感器的一次侧额定电流 I_{1N} 与二次侧额定电流 I_{2N} 之比，称为电流互感器的额定变流比，用 K_{TA} 表示。每个电流互感器的铭牌上都标有它的额定变流比。	提示：向学生强调电流表的内阻一般很小，所以电流互感器在正常工作时接近于变压器的短路状态，绝对不允许开路。	
为使用方便，对与电流互感器配合使用的交流电流表，可按一次侧电流直接进行刻度。例如，按5 A设计制造，与 K_{TA}=400/5 的电流互感器配合使用的电流表，其标度尺可直接按400 A进行刻度。数字式电流表内含电流互感器，可	提示：充分利用	

教学过程与教学内容	教师活动	学生活动
以通过按键直接设置变比。 购买大量程的指针式交流电流表时，一定要看清楚表盘上所标明的与之配套的电流互感器的额定变流比，并同时购买所要求的电流互感器。 2. 电流互感器的使用 （1）正确接线。将电流互感器的一次侧与被测电路串联，二次侧与电流表（或仪表的电流线圈）串联。 （2）电流互感器的二次侧在运行中绝对不允许开路。因此，在电流互感器的二次侧回路中严禁加装熔断器。 （3）在高压电路中，电流互感器的铁芯和二次侧的一端必须可靠接地，以确保人身和设备的安全。 （4）接在同一电流互感器上的仪表不能太多，否则会导致测量误差增大。	本教材提供的微视频，结合讲课内容和实训要求展开授课。	
三、电压互感器 1. 电压互感器的构造与原理 电压互感器实际上是一个降压变压器，它能将一次侧的高电压变换成二次侧的低电压，其一次侧的匝数远多于二次侧的匝数。二次侧的额定电压一般为 100 V，故不同变压比的电压互感器，其一次侧的匝数是不同的。由于电压表的内阻都很大，所以电压互感器的正常工作状态接近于变压器的开路状态。	提示：电压互感器是降压变压器，它将高电压变换为低电压。 提示：向学生强调电压表的内阻一般很大，所以电压互感器在正常工作时相当于开路状态，绝对不允许短路。	
电压互感器一次侧额定电压 U_{1N} 与二次侧额定电压 U_{2N} 之比，称为电压互感器的额定变压比，用 K_{TV} 表示，K_{TV} 一般都标在电压互感器的铭牌上。 在实际测量中，为测量方便，对与电压互感器配合使用的交流电压表，常按一次侧电压		

教学过程与教学内容	教师活动	学生活动
进行刻度。例如，按 100 V 电压设计制造，与 K_{TV}=10 000/100 的电压互感器配合使用的电压表，其标度尺可按 10 000 V 直接刻度。数字式电压表内含电压互感器，可以通过按键直接设置变比。 2. 电压互感器的使用 （1）正确接线。将电压互感器的一次侧与被测电路并联，二次侧与电压表（或仪表的电压线圈）并联。 （2）电压互感器的一次侧、二次侧在运行中绝对不允许短路。因此，电压互感器的一次侧、二次侧都应装设熔断器。 （3）电压互感器的铁芯和二次侧的一端必须可靠接地，以防止绝缘损坏时，一次侧的高压电窜入低压端，危及人身和设备的安全。	提示：充分利用本教材提供的微视频，结合讲课内容的实训要求展开授课。	
【课堂小结】 带领学生围绕以下问题，对本节课所学内容进行小结。 1. 为什么电流互感器的二次侧在运行中绝对不允许开路，严禁加装熔断器？ 2. 为什么电压互感器的一次侧、二次侧在运行中绝对不允许短路，必须加装熔断器？ 3. 仪用互感器的作用是什么？	简明扼要地回顾本节课所学的知识要点，突出本节课的知识重点和难点。（10 min 左右）	听讲，做笔记。有问题可以现场提问。
【课后作业】 习题册 P19～21。	发布本节课的作业，提醒学生需要注意之处。（5 min 左右）	对照自己的习题册，若有问题可以课后咨询。

实训 3　用电流互感器配合交流电流表测量交流电流

<table>
<tr><td colspan="5">教 案 首 页</td></tr>
<tr><td>序号</td><td>17</td><td>名称</td><td colspan="2">用电流互感器配合交流电流表测量交流电流</td></tr>
<tr><td colspan="3">授课班级</td><td>授课日期</td><td>授课时数</td></tr>
<tr><td colspan="3"></td><td>年　月　日</td><td>2</td></tr>
<tr><td colspan="3"></td><td>年　月　日</td><td>2</td></tr>
<tr><td>教学目标</td><td colspan="4">通过本节课的教学，使学生达到以下要求：
1. 熟悉电流互感器的结构及工作原理。
2. 掌握用电流互感器配合交流电流表测量交流电流的方法。</td></tr>
<tr><td>教学重、难点及解决办法</td><td colspan="4">重　　点：电流互感器的工作原理。
难　　点：电流互感器配合交流电流表测量交流电流的方法。
解决办法：通过演示和巡回指导，解决以上问题。</td></tr>
<tr><td>授课教具</td><td colspan="4">实训实验器材、多媒体教学设备。</td></tr>
<tr><td>授课方法</td><td colspan="4">讲授法，直观演示法，实验法。</td></tr>
<tr><td>教学思路和建议</td><td colspan="4">对于实训实验课程，首先分析实训实验的目的，其次介绍使用的实训实验器材，然后进行演示操作，最后由学生进行操作，教师巡回指导。只有这样，才能达到实训实验的目的。</td></tr>
<tr><td>审批意见</td><td colspan="4">签字：
年　　月　　日</td></tr>
</table>

教学活动		
教学过程与教学内容	教师活动	学生活动
【课前准备】 1. 巡查教学环境。 2. 督促学生将手机关机，集中放入手机袋，统一保管。 3. 指导学生自查课堂学习材料的准备情况。 4. 发放习题册。 5. 考勤。	督促学生完成课前准备。（课前2 min内）	按要求完成课前准备。
【复习提问】 1. 仪用互感器的作用是什么？ 2. 为什么电流互感器的二次侧在运行中绝对不允许开路，严禁加装熔断器？	提出问题，分别请2位学生作答。（5 min左右）	思考并回答问题。
【教学引入】 电流互感器实际上是一个降流变压器，它能把一次侧的大电流变换成二次侧的小电流。因为变压器的一次侧、二次侧电流之比与一次侧、二次侧的匝数之比成倒数关系，所以电流互感器一次侧的匝数远少于二次侧的匝数，一般只有一匝到几匝。	利用实物和PPT授课。（55 min左右）	听讲，做笔记，回答教师提问，观看教师的实物演示，加深对知识点的理解。
【讲授新课】 **一、实训内容及步骤** 1. 外观检查 主要检查仪表的外壳、端钮、按键等是否完好无损，必要的标志和极性符号是否清晰，表内有无元器件脱落等。 2. 单相交流电流的测量 将交流电流表与电流互感器按教材图3-3-4进行连接，合上电源开关，测量电路中的电流，将测量结果填入教材表3-3-4中。 3. 三相交流电流的测量 （1）按教材图3-3-5所示的原理图连接电路。 （2）按照线路原理图，将三个交流电流表与	提示：可对关键步骤进行演示操作。 提示：可对关键步骤进行演示操作。	对新知识进行必要的记录。

教学过程与教学内容	教师活动	学生活动
电流互感器分别与三相电源线连接，要求接线安全可靠、布局合理。 （3）合上电源开关，测量三相交流电路的电流，并将测量结果填入教材表 3–3–4 中。 4. 清理场地并归置物品 **二、实训注意事项** 1. 实训时，电源开关应采用自动空气断路器，以免出现电弧。 2. 如被测电流较小，可将被测导线在电流互感器的铁芯上多绕几圈，此时测量值应为电流表指示值除以互感器铁芯上的导线圈数所得的值。 3. 要根据线路电流的大小选择合适变比的电流互感器。 4. 一定要检查电路连接是否正确，并经实训指导教师同意后方能进行通电实训。 **三、实训测评** 根据教材表 3–3–5 中的评分标准对实训进行测评，并将评分结果填入表中。		
【课堂小结】		
带领学生围绕以下问题，对本节课所学内容进行小结。 1. 两种不同准确度的交流电流表测量结果不同的原因是什么？ 2. 如何选择合适变比的电流互感器？ 3. 根据电流互感器的变比，如何选择交流电流表？	简明扼要地回顾本节课所学的知识要点，突出本节课的知识重点和难点。（10 min 左右）	听讲，做笔记。有问题可以现场提问。
【课后作业】		
复习本次实训课的内容，简述交流电流表和电流互感器的使用注意事项。	着重点评上节课作业共性的问题。发布本节课的作业，提醒学生需要注意之处。（5 min 左右）	对照自己的习题册，若有问题可以课后咨询。

§3-4 钳形电流表

<table>
<tr><td colspan="5">教案首页</td></tr>
<tr><td>序号</td><td>18</td><td>名称</td><td colspan="2">钳形电流表</td></tr>
<tr><td colspan="3">授课班级</td><td>授课日期</td><td>授课时数</td></tr>
<tr><td colspan="3"></td><td>年　月　日</td><td>2</td></tr>
<tr><td colspan="3"></td><td>年　月　日</td><td>2</td></tr>
<tr><td>教学目标</td><td colspan="4">通过本节课的教学，使学生达到以下要求：
1. 熟悉钳形电流表的构造及原理。
2. 熟练掌握钳形电流表的使用方法。</td></tr>
<tr><td>教学重、难点及解决办法</td><td colspan="4">重　　点：钳形电流表的原理。
难　　点：钳形电流表的使用方法。
解决办法：采用直观演示的方式，使学生熟知钳形电流表不断开电路就能测量电流的优点，加深对本节课内容的理解。</td></tr>
<tr><td>授课教具</td><td colspan="4">钳形电流表、多媒体教学设备。</td></tr>
<tr><td>授课方法</td><td colspan="4">讲授法，直观演示法。</td></tr>
<tr><td>教学思路和建议</td><td colspan="4">在本课程中，学习到专用单个仪表时，最好采用实物展示、演示操作的方式进行教学，以加深学生对课程内容的理解。</td></tr>
<tr><td>审批意见</td><td colspan="4">签字：
年　月　日</td></tr>
</table>

教学活动		
教学过程与教学内容	教师活动	学生活动
【课前准备】 1. 巡查教学环境。 2. 督促学生将手机关机，集中放入手机袋，统一保管。 3. 指导学生自查课堂学习材料的准备情况。 4. 考勤。	督促学生完成课前准备。（课前2 min内）	按要求完成课前准备。
【复习提问】 1. 两种不同准确度的交流电流表测量结果不同的原因是什么? 2. 如何选择合适变比的电流互感器? 3. 根据电流互感器的变比，如何选择交流电流表?	提出问题，分别请3位学生作答。（5 min左右）	思考并回答问题。
【教学引入】 测量电路中的电流时，需要先切断被测电路，再将电流表串联接入，进行测量。那么，有没有不用切断电路就能测量电路中电流的仪表呢? 【讲授新课】 钳形电流表的最大优点就是能在不断电、不切断线路的情况下测量电流。例如，用钳形电流表可以在不切断线路的情况下，测量运行中的交流异步电动机的工作电流，从而更方便地了解电动机的工作状况。 实际工作中使用的钳形电流表主要分为指针式和数字式两大类。 **一、钳形电流表的构造及原理** 钳形电流表按照用途分为专门测量交流电流的互感器式钳形电流表和可以交、直流两用的电磁系钳形电流表两种。	利用实物和PPT授课。（55 min左右） 提示：可以采用直观演示、提问等方式进行。 提示：向学生强调钳形电流表的作用。	听讲，做笔记，回答教师提问，观看教师的实物演示，加深对知识点的理解。 对新知识进行必要的记录。

教学过程与教学内容	教师活动	学生活动
1. 互感器式钳形电流表 指针互感器式钳形电流表由电流互感器和整流系电流表组成，数字互感器式钳形电流表由电流互感器和数字式电压基本表组成。 电流互感器的铁芯呈钳口形，当握紧钳形电流表的把手时，其铁芯可以张开，此时可将被测电流的导线放入钳口中央。松开把手后铁芯闭合，被测电流的导线相当于电流互感器的一次侧，于是在二次侧就会产生感应电流，并使其进入整流系电流表或数字式电压基本表中进行测量指示。 2. 电磁系钳形电流表 电磁系钳形电流表主要由电磁系测量机构组成，以 MG28 型电磁系钳形电流表为例，其结构如教材图 3–4–2 所示。		
处在铁芯钳口中的导线相当于电磁系测量机构中的线圈。当被测电流通过导线时，会在铁芯中产生磁场，使可动铁片磁化，产生电磁推力，带动仪表指针偏转，指示出被测电流的大小。由于电磁系仪表可动部分的偏转方向与电流方向无关，因此它可以交、直流两用。	提示：引导学生思考为什么电磁系钳形电流表可以交、直流两用。	
二、钳形电流表的使用 钳形电流表的准确度不高，一般为 2.5 级以下，但它能在不切断线路的情况下测量电路中的电流，使用很方便，因此在实际生产中应用广泛。 1. 指针式钳形电流表 （1）外形结构 （2）使用方法	提示：充分利用本教材提供的微视频，结合讲课内容和实训要求展开授课。	
1）检查仪表外观，将钳形电流表平放。 2）将选择开关置于合适的挡位。 3）用钳头卡住单根被测电流的导线，调整被测电流的导线使之与钳头垂直并处于钳头的中	提示：可对关键步骤进行演示操作。	

教学过程与教学内容	教师活动	学生活动
心位置，检查钳头，确保其闭合良好。 4）钳形电流表可直接读数，此时指针的指示值即为被测交流电流值。 5）将钳形电流表从被测量线路中退出，将仪表的选择开关置于最大量程位置。 2. 数字式钳形电流表 UT202A+ 型数字式钳形电流表是一种性能稳定、安全可靠的$3\frac{1}{2}$位数字式钳形电流表。它不仅可用于测量交流电流，还可以测量交流电压、直流电压、电阻、二极管及电路通断等。 （1）外形结构 （2）使用方法 1）将钳形电流表平放，按下电源开关。 2）根据被测量的对象，选择不同的挡位。 3）用钳头卡住单根被测电流的导线，调整被测电流的导线使之与钳头垂直并处于钳头的中心位置，检查钳头，确保其闭合良好。 4）数字式钳形电流表可直接读数，此时 LCD 显示屏的显示值即为被测交流电流值。 5）测量电压时，将红、黑表笔对应插入两个插孔，将选择开关置于交、直流电压测量挡位，将表笔连接到待测电源或负载上，即可读数。 6）将钳头部位的 NCV 感应端点接近被测导线，距离小于等于 15 mm 时蜂鸣器声响，LED 发光闪烁。 7）该型号钳形电流表电流挡位增加了频率测试功能，在测量电流时，只需要按下“SELECT”按键切换到频率测量功能，就能测量电流的频率。 8）将钳形电流表从被测电流的导线中退出，断开电源。	提示：可对关键步骤进行演示操作。	

教学过程与教学内容	教师活动	学生活动
三、钳形电流表的使用注意事项 1. 使用钳形电流表时，应注意钳形电流表的电压等级和电流值挡位的选择要在合理范围内。 2. 测量时，应戴绝缘手套，穿绝缘鞋。读数时要注意保证人体与带电体之间有一定的安全距离。 3. 测量回路电流时，钳形电流表的钳口必须钳在有绝缘层的导线上，同时要与其他带电体保持一定的安全距离，防止仪表本身引起的事故。 4. 测量低压母线电流时，如各相间安全距离不足，测量前应将各相母线测量处用绝缘材料加以保护隔离，以免引起相间短路。 5. 禁止在裸露的导体上和高压线路上使用钳形电流表。 6. 钳口套入导线前应调节好量程，不准在套入后再调节量程。因为仪表本身的电流互感器在测量时二次侧不允许断路，若套入后发现量程选择不合适，应先把钳口从导线中退出，方可调节量程。 7. 钳口套入导线后，应使钳口完全封闭，并使被测电流的导线处于钳口正中位置，否则会因漏磁严重而使所测数值不正确。 8. 钳口不可同时套入两根导线。因为两根导线产生的磁势会相互抵消，使所测数据失去意义。		
【课堂小结】 带领学生围绕以下问题，对本节课所学内容进行小结。 1. 钳形电流表的优点是什么？ 2. 使用钳形电流表的注意事项有哪些？	简明扼要地回顾本节课所学的知识要点，突出本节课的知识重点和难点。（10 min 左右）	听讲，做笔记。有问题可以现场提问。

教学过程与教学内容	教师活动	学生活动
【课后作业】 习题册 P21 ~ 23。	发布本节课的作业，提醒学生需要注意之处。（5 min左右）	对照自己的习题册，若有问题可以课后咨询。

实训 4 用钳形电流表测量三相交流异步电动机的电流

<table>
<tr><td colspan="5">教案首页</td></tr>
<tr><td>序号</td><td>19</td><td>名称</td><td colspan="2">用钳形电流表测量三相交流
异步电动机的电流</td></tr>
<tr><td colspan="3">授课班级</td><td>授课日期</td><td>授课时数</td></tr>
<tr><td colspan="3"></td><td>年 月 日</td><td>1</td></tr>
<tr><td colspan="3"></td><td>年 月 日</td><td>1</td></tr>
<tr><td>教学目标</td><td colspan="4">通过本节课的教学，使学生达到以下要求：
1. 熟悉钳形电流表的结构及工作原理。
2. 掌握用钳形电流表测量三相交流异步电动机电流的方法。</td></tr>
<tr><td>教学重、难点及解决办法</td><td colspan="4">重　　点：钳形电流表的结构及工作原理。
难　　点：用钳形电流表测量三相交流异步电动机电流的方法。
解决办法：通过演示和巡回指导，解决以上问题。</td></tr>
<tr><td>授课教具</td><td colspan="4">实训实验器材、多媒体教学设备。</td></tr>
<tr><td>授课方法</td><td colspan="4">讲授法，直观演示法，实验法。</td></tr>
<tr><td>教学思路和建议</td><td colspan="4">对于实训实验课程，首先分析实训实验的目的，其次介绍使用的实训实验器材，然后进行演示操作，最后由学生进行操作，教师巡回指导。只有这样，才能达到实训实验的目的。</td></tr>
<tr><td>审批意见</td><td colspan="4">签字：
年 月 日</td></tr>
</table>

教学活动		
教学过程与教学内容	教师活动	学生活动
【课前准备】 1. 巡查教学环境。 2. 督促学生将手机关机，集中放入手机袋，统一保管。 3. 指导学生自查课堂学习材料的准备情况。 4. 发放习题册。 5. 考勤。	督促学生完成课前准备。（课前 2 min 内）	按要求完成课前准备。
【复习提问】 1. 钳形电流表的优点是什么？ 2. 使用钳形电流表的注意事项有哪些？	提出问题，分别请2位学生作答。（5 min 左右）	思考并回答问题。
【教学引入】 钳形电流表的最大优点就是能在不断电、不切断线路的情况下测量电流，其在使用时和普通的交流电流表有什么区别，需要注意哪些操作问题？	利用实物和 PPT 授课。（30 min 左右）	听讲，做笔记，回答教师提问，观看教师的实物演示，加深对知识点的理解。
【讲授新课】 一、实训内容及步骤 1. 外观检查 2. 测量正常状态下的电流 给三相交流异步电动机通电，用指针式钳形电流表和数字式钳形电流表分别测量其三相电流，将测量结果填入教材表 3–4–5 中，测量方法和步骤见教材表 3–4–1 和教材表 3–4–3。 3. 测量故障状态下的电流 先将三相交流电源的任意一相断开，再给三相交流异步电动机通电，使其短时间处于缺相运行状态，用指针式钳形电流表和数字式钳形电流表分别测量其三相电流，将测量结果填入教材表 3–4–5 中。 4. 清理场地并归置物品	提示：可对关键步骤进行演示操作。 提示：充分利用本教材提供的微视频，结合讲课内容和实训要求展开授课。	对新知识进行必要的记录。

教学过程与教学内容	教师活动	学生活动
二、实训注意事项 1. 测量时应戴绝缘手套，并保证身体各部位与带电体保持安全距离。 2. 只能测量低压电流，不能测量裸导线的电流。 3. 在三相交流异步电动机缺相运行时进行测量，动作要快、时间要短，必要时应在每次测量前断电，做好准备工作后再通电。 4. 一定要检查电路连接是否正确，并经实训指导教师同意后方能进行通电实训。 三、实训测评 根据教材表 3-4-6 中的评分标准对实训进行测评，并将评分结果填入表中。		
【课堂小结】 带领学生围绕以下问题，对本节课所学内容进行小结。 1. 指针式钳形电流表的使用方法是什么？ 2. 数字式钳形电流表的使用方法是什么？ 3. 使用钳形电流表判断三相交流异步电动机好坏的方法是什么？	简明扼要地回顾本节课所学的知识要点，突出本节课的知识重点和难点。（3 min 左右）	听讲，做笔记。有问题可以现场提问。
【课后作业】 复习本次实训课的内容，简述钳形电流表的使用注意事项。	着重点评上节课作业共性的问题。发布本节课的作业，提醒学生需要注意之处。（2 min 左右）	对照自己的习题册，若有问题可以课后咨询。

§3-5　电流表和电压表的选择

<table>
<tr><td colspan="6">教案首页</td></tr>
<tr><td>序号</td><td>20</td><td>名称</td><td colspan="3">电流表和电压表的选择</td></tr>
<tr><td colspan="4">授课班级</td><td>授课日期</td><td>授课时数</td></tr>
<tr><td colspan="4"></td><td>年　月　日</td><td>1</td></tr>
<tr><td colspan="4"></td><td>年　月　日</td><td>1</td></tr>
<tr><td>教学目标</td><td colspan="5">通过本节课的教学，使学生达到以下要求：
1. 掌握指针式电流表、电压表的选用原则。
2. 掌握数字式电流表、电压表的选用原则。</td></tr>
<tr><td>教学重、难点及解决办法</td><td colspan="5">重　　点：1. 指针式电流表、电压表的选用。
2. 数字式电流表、电压表的选用。
难　　点：如何合理选择电流表和电压表。
解决办法：通过对比指针式和数字式仪表的学习方法，说明不同形式的仪表使用的场合不同，以便学生掌握。</td></tr>
<tr><td>授课教具</td><td colspan="5">电流表、电压表、多媒体教学设备。</td></tr>
<tr><td>授课方法</td><td colspan="5">讲授法，直观演示法，比较法。</td></tr>
<tr><td>教学思路和建议</td><td colspan="5">对于电流表和电压表的选择，应从指针式和数字式两个方面入手，通过对比的学习方法，使学生了解不同形式的仪表对应的使用场合以及特点，从而加深对本节课内容的理解。</td></tr>
<tr><td>审批意见</td><td colspan="5">签字：
年　月　日</td></tr>
</table>

教学活动		
教学过程与教学内容	教师活动	学生活动
【课前准备】 1. 巡查教学环境。 2. 督促学生将手机关机，集中放入手机袋，统一保管。 3. 指导学生自查课堂学习材料的准备情况。 4. 考勤。	督促学生完成课前准备。（课前 2 min 内）	按要求完成课前准备。
【复习提问】 1. 指针式钳形电流表的使用方法是什么？ 2. 数字式钳形电流表的使用方法是什么？ 3. 使用钳形电流表判断三相交流异步电动机好坏的方法是什么？	提出问题，分别请3位学生作答。（5 min 左右）	思考并回答问题。
【教学引入】 在电流与电压的测量中，能否正确选择和使用电流表和电压表，不仅直接影响测量结果的准确性，还关系到仪表的使用寿命和使用者的安全。	利用实物和 PPT 授课。（30 min 左右）	听讲，做笔记，回答教师提问，观看教师的实物演示，加深对知识点的理解。
【讲授新课】 **一、指针式仪表的选择** 1. 仪表类型 测量直流电流、电压，应选择磁电系仪表；测量交流电流、电压，应选择电磁系或整流系仪表等。 2. 仪表准确度 （1）作为标准表或进行精密测量时，可选用 0.1 级或 0.2 级的仪表。 （2）与仪表配合使用的附加装置，如分流电阻、分压电阻、仪用互感器等，其准确度等级应比仪表本身的准确度等级高 2 ~ 3 挡。 3. 仪表内阻 将仪表接入被测电路，应尽量减小仪表本身	提示：可以采用直观演示、提问等方式进行。 提示：可简单复习各仪表的工作原理。 提示：可复习仪表准确度等级。 提示：向学生强	对新知识进行必要的记录。

教学过程与教学内容	教师活动	学生活动
的功耗，以免影响电路原有的工作状态。因此，选择仪表内阻时，电压表内阻应尽量大些，电流表内阻应尽量小些。 4. 仪表量程 所选量程要大于被测量；量程范围选择为被测量在仪表标度尺满刻度的2/3以上范围内；在无法估计被测量大小时，应先选用最大仪表量程试测，再逐步换至合适的量程。 5. 仪表的工作条件 实验室使用的仪表一般选择便携式，开关板或电气设备面板上的仪表应选择安装式。 6. 仪表的绝缘强度 选择仪表时，还要根据被测电路电压的高低来确定仪表的绝缘强度，以免发生危害人身安全或损坏仪表的事故。 **二、数字式仪表的选择** 1. 仪表尺寸 对于安装在柜体上的数字式仪表，要考虑仪表的体积大小，体积过大可能装不下，过小则看不清其显示的数字。 2. 显示位数 显示位数关系到数字式仪表的测量精度。一般显示位数越高，测量越精确，价格也越贵。 3. 输入信号 有些信号是直接接入仪表的，有些信号是经过转化后接入仪表的。在测量前必须明确测量信号的性质，否则可能使数字式仪表不能使用，甚至会造成仪表或原有设备损坏。 4. 工作电源 所有数字式仪表都需要工作电源。 5. 仪表功能 仪表功能一般都是模块化的、可选择的。	调电压表内阻应尽量大，电流表内阻应尽量小。 提示：向学生强调量程选择的重要性。 提示：向学生强调显示位数的重要性。	

教学过程与教学内容	教师活动	学生活动
6. 特殊要求 **【课堂小结】** 带领学生围绕以下问题，对本节课所学内容进行小结。 1. 指针式仪表的选用原则有哪些？ 2. 数字式仪表的选用原则有哪些？ **【课后作业】** 习题册 P23 ~ 24。	简明扼要地回顾本节课所学的知识要点，突出本节课的知识重点和难点。（3 min 左右） 发布本节课的作业，提醒学生需要注意之处。（2 min 左右）	听讲，做笔记。有问题可以现场提问。 对照自己的习题册，若有问题可以课后咨询。

第四章
万用表

§4-1 模拟式万用表 

<table>
<tr><td colspan="5">教案首页</td></tr>
<tr><td>序号</td><td>21</td><td>名称</td><td colspan="2">模拟式万用表 1</td></tr>
<tr><td colspan="3">授课班级</td><td>授课日期</td><td>授课时数</td></tr>
<tr><td colspan="3"></td><td>年 月 日</td><td>2</td></tr>
<tr><td colspan="3"></td><td>年 月 日</td><td>2</td></tr>
<tr><td>教学目标</td><td colspan="4">通过本节课的教学，使学生达到以下要求：
1. 熟悉模拟式万用表的组成及各部分的作用。
2. 理解模拟式万用表直流电流测量电路的基本原理。</td></tr>
<tr><td>教学重、难点及解决办法</td><td colspan="4">重　点：1. 模拟式万用表的组成及各部分的作用。
2. 模拟式万用表直流电流测量电路的基本原理。
难　点：直流电流测量电路的基本原理。
解决办法：通过模拟式万用表实物展示，使学生熟知其组成和作用。在复习欧姆定律和串、并联电路之后，再分析 50 μA 直流电流挡的原理。</td></tr>
<tr><td>授课教具</td><td colspan="4">模拟式万用表、多媒体教学设备。</td></tr>
<tr><td>授课方法</td><td colspan="4">讲授法，直观演示法，实物展示法。</td></tr>
<tr><td>教学思路和建议</td><td colspan="4">只有通过实物展示和现场操作，才能加深学生对模拟式万用表知识和操作技能的理解。配合实训实验，效果会更好。</td></tr>
<tr><td>审批意见</td><td colspan="4">签字：
年　月　日</td></tr>
</table>

教学活动		
教学过程与教学内容	**教师活动**	**学生活动**
【课前准备】 1. 巡查教学环境。 2. 督促学生将手机关机，集中放入手机袋，统一保管。 3. 指导学生自查课堂学习材料的准备情况。 4. 发放习题册。 5. 考勤。	督促学生完成课前准备。（课前2 min内）	按要求完成课前准备。
【复习提问】 1. 指针式仪表的选用原则有哪些? 2. 数字式仪表的选用原则有哪些?	提出问题，分别请2位学生作答。（5 min左右）	思考并回答问题。
【教学引入】 万用表是电工最常用的电工仪表之一，它是一种可以测量多种电路参数，具有多种量程的便携式仪表。 模拟式万用表的特点是能把被测的各种电路参数都转换成仪表的指针偏转角，并通过指针偏转角的大小显示出测量结果，因此也称为指针式万用表。	利用实物和PPT授课。（55 min左右） 提示：可以采用直观演示、提问等方式进行。	听讲，做笔记，回答教师提问，观看教师的实物演示，加深对知识点的理解。
【讲授新课】 **一、模拟式万用表的组成和基本原理** 1. 模拟式万用表的组成 模拟式万用表一般由测量机构、测量线路和转换开关三部分组成。 （1）测量机构 模拟式万用表的核心是测量机构（俗称“表头”），其作用是把过渡电量转换为仪表指针的机械偏转角。 一般情况下，满偏电流越小，测量机构灵敏度越高。万用表的灵敏度通常用电压灵敏度（Ω/V）表示。	提示：充分利用本教材提供的微视频，结合讲课内容和实训要求展开授课。 提示：可复习电压灵敏度。	对新知识进行必要的记录。

教学过程与教学内容	教师活动	学生活动
（2）测量线路 模拟式万用表中测量线路的作用是把各种不同的被测电量（如电流、电压、电阻等）转换为磁电系测量机构所能测量的微小直流电流（即过渡电量）。 测量线路中使用的元器件主要包括分流电阻、分压电阻、整流元件、电容器等。万用表的功能越多，测量线路越复杂。 （3）转换开关 模拟式万用表中转换开关的作用是转换测量线路来对应需要的测量种类和量程。模拟式万用表中的转换开关一般都采用多刀多掷开关，依靠一只转换开关旋钮 SA 来实现各种测量线路的转换。 2. 直流电流测量电路 将万用表转换开关 SA 置于“mA”挡中任意一个电流挡，就组成如教材图 4-1-6 所示的直流电流测量电路（图中是 500 mA 挡）。可以看出，此测量电路为开路式分流电路，这种电路具有计算方便、各量程互不影响的特点。但是，如果转换开关出现问题，轻则产生大的测量误差，重则会烧毁测量机构，为防止这类事故发生，此表专门设置了测量机构的保护电路。所以，万用表的直流电流测量电路实质上就是一个多量程的直流电流表，其基本原理与前面介绍的多量程直流电流表完全相同。 当转换开关置于 50 μA 挡时，所用的分流电阻是 R21 和可调电阻 RP1，这样就将测量机构的灵敏度由原来的 46.2 μA 扩展为极限灵敏度（即灵敏度的最小整数）50 μA，通常 50 μA 挡被称为基础挡。当转换开关置于 0.5 mA 挡时，相当于在 50 μA 的基础挡上再并联一个分流电阻 R4；	提示：可复习串、并联电路和欧姆定律。 提示：可复习磁电系测量机构的工作原理。 提示：可结合电路原理图对万用表进行分析。	

教学过程与教学内容	教师活动	学生活动
置于 5 mA 挡时，相当于在 50 μA 的基础挡上并联一个分流电阻 R3；置于 50 mA 挡时，相当于在 50 μA 的基础挡上并联一个分流电阻 R2；置于 500 mA 挡时，相当于在 50 μA 的基础挡上并联一串分流电阻 R1 和 R29。电阻 R22 起隔离作用，可以防止大浪涌电流对测量机构的冲击，从而保护测量机构。 RP2（阻值为 500 Ω）为可调电阻，始终与测量机构串联，它在万用表电路中同时起到两个作用：一是温度补偿作用，二是校准作用。		
【课堂小结】 带领学生围绕以下问题，对本节课所学内容进行小结。 1. 模拟式万用表各部分的作用是什么？ 2. 测量机构保护电路的作用是什么？ 3. 万用表 50 μA 挡的构成原理是什么？	简明扼要地回顾本节课所学的知识要点，突出本节课的知识重点和难点。（10 min 左右）	听讲，做笔记。有问题可以现场提问。
【课后作业】 习题册 P25 ~ 26　一、1 ~ 5　二、1 ~ 4 三、1 ~ 2　四、1 ~ 2	着重点评上节课作业共性的问题。发布本节课的作业，提醒学生需要注意之处。（5 min 左右）	对照自己的习题册，若有问题可以课后咨询。

<table>
<tr><th colspan="5">教案首页</th></tr>
<tr><td>序号</td><td>22</td><td>名称</td><td colspan="2">模拟式万用表2</td></tr>
<tr><td colspan="3">授课班级</td><td>授课日期</td><td>授课时数</td></tr>
<tr><td colspan="3"></td><td>年 月 日</td><td>2</td></tr>
<tr><td colspan="3"></td><td>年 月 日</td><td>2</td></tr>
<tr><td>教学目标</td><td colspan="4">通过本节课的教学，使学生达到以下要求：
1. 熟悉模拟式万用表的组成及各部分的作用。
2. 了解模拟式万用表直流电压测量电路、交流电压测量电路、电阻测量电路的基本原理。</td></tr>
<tr><td>教学重、难点及解决方法</td><td colspan="4">重　　点：1. 模拟式万用表的组成及各部分的作用。
2. 模拟式万用表电阻测量电路的基本原理。
难　　点：电阻测量电路的基本原理。
解决办法：通过模拟式万用表实物展示，使学生熟知其组成和作用。在分析电阻测量电路前，做好电阻串、并联特点和欧姆定律的复习。</td></tr>
<tr><td>授课教具</td><td colspan="4">模拟式万用表、多媒体教学设备。</td></tr>
<tr><td>授课方法</td><td colspan="4">讲授法，直观演示法，实物展示法。</td></tr>
<tr><td>教学思路和建议</td><td colspan="4">只有通过实物展示和现场操作，才能加深学生对模拟式万用表知识和操作技能的理解。配合实训实验，效果会更好。</td></tr>
<tr><td>审批意见</td><td colspan="4">签字：
年　月　日</td></tr>
</table>

<table>
<tr><th colspan="3">教学活动</th></tr>
<tr><th>教学过程与教学内容</th><th>教师活动</th><th>学生活动</th></tr>
<tr><td>【课前准备】
1. 巡查教学环境。
2. 督促学生将手机关机，集中放入手机袋，统一保管。
3. 指导学生自查课堂学习材料的准备情况。
4. 发放习题册。
5. 考勤。</td><td>督促学生完成课前准备。（课前 2 min 内）</td><td>按要求完成课前准备。</td></tr>
<tr><td>【复习提问】
1. 模拟式万用表各部分的作用是什么？
2. 测量机构保护电路的作用是什么？
3. 万用表 50 μA 挡的构成原理是什么？</td><td>提出问题，分别请 3 位学生作答。（5 min 左右）</td><td>思考并回答问题。</td></tr>
<tr><td>【教学引入】
万用表的实质是把直流电流表、直流电压表、交流电压表和欧姆表组合在一起，因此，模拟式万用表的原理主要建立在欧姆定律和电路串、并联的基础之上。</td><td>利用实物和 PPT 授课。（55 min 左右）</td><td>听讲，做笔记，回答教师提问，观看教师的实物演示，加深对知识点的理解。</td></tr>
<tr><td>【讲授新课】
3. 直流电压测量电路
测量直流电压时，只需将转换开关 SA 置于直流电压的任意挡位，就组成如教材图 4–1–7 所示的直流电压测量电路（图中转换开关位于直流 250 V 挡）。
万用表的直流电压测量电路就是在 50 μA 直流电流挡的基础上组成的，它实质上是一只多量程的直流电压表。
和交流电压挡的电流接入点不同，所有的直流电压挡除所用分压电阻外，都要串联隔离电阻 R22，而交流电压挡都不需要串联隔离电阻，这是因为交流电压挡和直流电压挡要共用一套电阻和同一刻度尺。</td><td>提示：可以采用直观演示、提问等方式进行。

提示：可复习磁电系测量机构的工作原理。</td><td>对新知识进行必要的记录。</td></tr>
</table>

教学过程与教学内容	教师活动	学生活动
直流电压挡的 250 V、500 V 和 1 000 V 挡中，测量机构两端都特意并联一只电阻 R28，使得电流基础挡的满偏电流由原来的 50 μA 扩展到 110 μA。 4. 交流电压测量电路 （1）万用表测量交流电压的原理 模拟式万用表如果要测量交流电量，只有将交流电量通过整流器转换成直流电量后，再送入测量机构，然后找出整流后的直流电量与交流电量之间的关系，才能在仪表标度尺上直接标出交流电量的大小。 （2）万用表交流电压测量电路 将万用表的转换开关 SA 置于交流电压的任意一个挡位，就组成如教材图 4–1–9 所示的交流电压测量电路。从图中可以看出，交流电压测量电路也是在直流电流 50 μA 挡的基础上扩展而成的，也采用共用式分压电路。 5. 直流电阻测量电路 （1）欧姆表基本原理		
由全电路欧姆定律可知，电路中的电流为 $$I=\frac{E}{R_X+R_Z}$$ 式中，R_Z 为欧姆表总内阻，R_X 为被测电阻，E 为电源电动势。 上式说明，如果欧姆表总内阻 R_Z 和电源电动势 E 保持不变，则电路中的电流 I 将随被测电阻 R_X 而改变，且 I 与 R_X 成反比。可见，欧姆表测电阻的实质是测量电流。	提示：可复习全电路欧姆定律和欧姆定律，讲清楚两者间的区别。	
由于仪表指针的偏转角与电流 I 成正比，而电流 I 与 R_X 成反比，因此，仪表指针的偏转角能够反映 R_X 的大小。由以上分析可知，欧姆表的标度尺是不均匀的，而且是反向的。	提示：重点分析此部分。	

教学过程与教学内容	教师活动	学生活动
（2）欧姆表量程的扩大 理论上讲，上述欧姆表可以测量 0 ~ ∞范围内任意阻值的电阻，但实际上因为欧姆表刻度很不均匀，所以它的有效使用范围一般为 0.1 ~ 10 倍欧姆中心值的刻度范围，若测量值超出该范围，将会引起很大的误差。 由于欧姆表量程的扩大实际上是通过改变其欧姆中心值来实现的，所以，随着欧姆表量程的扩大，欧姆表的总内阻和被测电阻都将增加，这必然会导致通过测量机构的电流减小。因此，在扩大欧姆表量程的同时，还必须设法增大通过测量机构的电流，通常可采取以下两种措施： 一是保持电池电压不变，改变分流电阻阻值。 二是提高电池电压。	提示：可配合电路原理图对万用表测量电阻量程的扩大方法进行分析。	
（3）万用表电阻测量电路 万用表欧姆挡也是在直流电流 50 μA 挡的基础上扩展而成的。电阻 R21 和可调电阻 RP1、RP2 共同组成分压式欧姆调零电路，其中可调电阻 RP1 就是欧姆调零电阻。	提示：向学生强调可调电阻 RP1 的作用。	
二、模拟式万用表的结构 MF47 型模拟式万用表的结构包括表盘、机械调零旋钮、欧姆调零旋钮、三极管插孔、转换开关、电量测量输入插孔和电池盒等，如教材图 4-1-15 所示。	提示：充分利用本教材提供的微视频，结合讲课内容和实训要求展开授课。	
1. 表盘和机械调零旋钮 表盘共有 7 条刻度尺，刻度尺与量程挡位的红、黑、绿三色对应，读数方便。 表盘下方中间部位的黑色小旋钮为机械调零旋钮，在测量电流、电压前，应调节该旋钮使指针对准刻度尺左端的“0”位置。	提示：向学生强调机械调零的作用和方法。	

教学过程与教学内容	教师活动	学生活动
2. 欧姆调零旋钮 欧姆调零又称零欧姆调整或欧姆挡零位调节，是在测量电阻前对电阻挡进行电气零位校准。 3. 三极管插孔 4. 转换开关 万用表转换开关共有5挡，分别是交流电压挡、直流电压挡、直流电流挡、电阻挡和三极管挡，共有24个量程。 5. 电量测量输入插孔 万用表面板上有4个电量输入插孔，这些插孔有极性标记。 **三、模拟式万用表的保护措施和使用注意事项** 1. 万用表的保护措施 （1）过压保护 在MF47型万用表“+”接线端和“-”接线端之间，并联有正、反向硅二极管VD5和VD6，起过压保护作用。 （2）过流自熔断保护 MF47型万用表在表内输入端串联了一个0.5 A的快速熔断器。 （3）表头过载限幅保护 表头是万用表的核心，MF47型万用表的表头两端并联有正、反向硅二极管VD3和VD4，保护表头不因电流过载而损坏。 （4）压敏电阻保护 MF47型万用表还使用了压敏电阻来为欧姆挡作过电压保护。 2. 万用表的使用注意事项 （1）使用之前要调零 （2）要正确接线	提示：向学生强调欧姆调零的作用和方法。 提示：可对照实物进行介绍。 提示：向学生强调规定万用表使用注意事项的原因。	

教学过程与教学内容	教师活动	学生活动
（3）要正确选择测量挡位 （4）要正确读数 （5）要注意测量安全 （6）要注意操作安全		
【课堂小结】 带领学生围绕以下问题，对本节课所学内容进行小结。 1. 指针式万用表的直流电压测量电路、交流电压测量电路、电阻测量电路都是在哪一个挡位的基础上组成的？ 2. 机械调零旋钮的作用是什么？ 3. 欧姆调零旋钮的作用是什么？ 4. 指针式万用表的保护措施和使用注意事项有哪些？	简明扼要地回顾本节课所学的知识要点，突出本节课的知识重点和难点。（10 min 左右）	听讲，做笔记。有问题可以现场提问。
【课后作业】 习题册 P25～26　一、6～12　二、5～8　三、3～7	着重点评上节课作业共性的问题。发布本节课的作业，提醒学生需要注意之处。（5 min 左右）	对照自己的习题册，若有问题可以课后咨询。

§4-2 模拟式万用表的使用

<table>
<tr><td colspan="4">教案首页</td></tr>
<tr><td>序号</td><td>23</td><td>名称</td><td colspan="2">模拟式万用表的使用</td></tr>
<tr><td colspan="3">授课班级</td><td>授课日期</td><td>授课时数</td></tr>
<tr><td colspan="3"></td><td>年　月　日</td><td>2</td></tr>
<tr><td colspan="3"></td><td>年　月　日</td><td>2</td></tr>
<tr><td>教学目标</td><td colspan="4">通过本节课的教学，使学生达到以下要求：
1. 掌握用模拟式万用表测量交流电压、直流电压、直流电流、电阻的方法。
2. 掌握用模拟式万用表测量其他电量的方法。
3. 掌握模拟式万用表的使用方法。</td></tr>
<tr><td>教学重、难点及解决办法</td><td colspan="4">重　　点：1. 模拟式万用表测量交、直流电压的方法。
2. 模拟式万用表测量直流电流的方法。
3. 模拟式万用表测量电阻的方法。
难　　点：模拟式万用表的使用方法。
解决办法：通过现场演示模拟式万用表操作的教学方法，逐一解决以上重、难点。</td></tr>
<tr><td>授课教具</td><td colspan="4">模拟式万用表、多媒体教学设备。</td></tr>
<tr><td>授课方法</td><td colspan="4">讲授法，直观演示法，实物展示法。</td></tr>
<tr><td>教学思路和建议</td><td colspan="4">本节课的教学内容必须以演示操作为主、以讲解分析为辅，才能取得较好的教学效果，这就要求授课教师必须能熟练使用模拟式万用表。</td></tr>
<tr><td>审批意见</td><td colspan="4">签字：
年　月　日</td></tr>
</table>

教学活动		
教学过程与教学内容	教师活动	学生活动
【课前准备】 1. 巡查教学环境。 2. 督促学生将手机关机，集中放入手机袋，统一保管。 3. 指导学生自查课堂学习材料的准备情况。 4. 发放习题册。 5. 考勤。	督促学生完成课前准备。（课前2 min内）	按要求完成课前准备。
【复习提问】 1. 机械调零旋钮的作用是什么？ 2. 欧姆调零旋钮的作用是什么？ 3. 指针式万用表的保护措施和使用注意事项有哪些？	提出问题，分别请3位学生作答。（5 min左右）	思考并回答问题。
【教学引入】 模拟式万用表的测量机构通常采用磁电系直流微安表，此类表头只能测量微小直流电流，但只要使用不同的测量线路，再配合转换开关，就可以测量不同大小、不同种类的电路参数。 【讲授新课】 在使用MF47型万用表前，应特别注意测量输入端口旁的警示符号，它被用于警示使用者留意被测电压或电流不要超出规定的数值，以确保测量安全。 **一、直流电流的测量** 1. 将万用表平放，红、黑表笔分别对应插入“+”插孔和“COM”插孔，调节机械调零旋钮，将指针置于刻度尺左端的零位。 2. 估计被测量的大小，将转换开关置于合适的“mA”挡位。如果不能估计被测量的大小，则将转换开关置于直流电流最大量程500 mA挡，再根据指示的电流值，逐步选择低量程，保证	利用实物和PPT授课。（55 min左右） 提示：可以采用直观演示、提问的方式进行。 提示：明确指出万用表实物上的警示符号。 提示：充分利用本教材提供的微视频，结合讲课内容和实训要求展开授课。	听讲，做笔记，回答教师提问，观看教师的实物演示，加深对知识点的理解。 对新知识进行必要的记录。

教学过程与教学内容	教师活动	学生活动
测量精度。 3. 测量前必须先断开电路，按照直流电流从“+”到“–”的方向，将万用表串联到被测电路中，即直流电流从红表笔流入，从黑表笔流出。 4. 观察第3条刻度尺，根据所选择的量程挡位确定读数的刻度，读出指针的指示值。 5. 确定实际值。例如，转换开关置于50 mA挡位，读0 ~ 50刻度，指针的指示值就是实际值；转换开关置于5 mA挡位，读0 ~ 50刻度，指针的指示值除以10就是实际值。 6. 当测量的直流电流为500 mA ~ 10 A时，首先将红表笔插入“10 A”专用插孔，然后将开关置于500 mA挡，余下的测量方法同前。 7. 测量完毕应及时将转换开关拨至交流电压最大量程挡位。 **二、交、直流电压的测量** 1. 插入表笔，仪表调零，方法与测量直流电流相同。 2. 估计被测直（交）流电压的大小，然后将转换开关拨至合适的挡位。 3. 测量直流电压时，按照直流电流从“+”到“–”的方向，将万用表并联到被测电路中，即红表笔连接直流电源的正极，黑表笔连接直流电源的负极。测量交流电压时，只需要将万用表并联到被测电路中，无须考虑表笔的颜色。 4. 观察第3条刻度尺，根据所选择的量程挡位确定读数的刻度，读出指针的指示值。 5. 确定实际值。例如，转换开关置于250 V挡位，读0 ~ 250刻度，指针的指示值就是实际值；转换开关置于500 V挡位，读0 ~ 50刻度，指针的指示值乘以10就是实际值。	提示：进行明确的演示操作。 提示：进行明确的演示操作。	

教学过程与教学内容	教师活动	学生活动
6. 当测量的直（交）流电压在 1 000 ~ 2 500 V 时，应将选择开关置于直（交）流电压 1 000 V 挡，红表笔插入“2 500 V”专用插孔，余下的测量方法同前。 7. 当测量的交流电压在 10 V 及以下时，测量的方法同前，但读数的刻度要看第 2 条专用刻度尺。 8. 测量完毕后的操作同前。 **三、直流电阻的测量** 1. 插入表笔，仪表调零，方法与测量直流电流相同。 2. 估计被测电阻的大小，将转换开关置于合适的“Ω”挡位。如果不能估计被测电阻的大小，则将转换开关置于电阻量程 R × 100 挡，再根据指示值的范围，逐步选择合适的量程。一般情况下，测量电阻时指针位于该挡量程欧姆中心值（即刻度尺的中心）附近时测量较为准确，以位于刻度尺的 1/3 ~ 2/3 范围内为宜。 3. 测量前，必须进行欧姆调零。将红、黑表笔短接，调节欧姆调零旋钮，使指针对准欧姆刻度尺的零位。重新选择测量电阻的量程挡位时，必须重新进行欧姆调零，此步骤不可省略。 4. 测量前必须切断电源，不能带电测量。如果电路中有电容，应将两个测量点短接，进行放电处理。测量时，被测电阻不能有并联支路，以免影响阻值的准确性。 5. 观察第 1 条刻度尺，根据所选择的量程挡位确定读数的刻度，读出指针的指示值。 6. 将指示值乘以选择的量程挡位（倍率），其结果就是被测电阻的实际值。 7. 测量完毕后的操作同前。	提示：进行明确的演示操作。	

教学过程与教学内容	教师活动	学生活动
四、电路通断的判断 1. 插入表笔，仪表调零，方法与测量直流电流相同。 2. 将转换开关置于蜂鸣器挡，红、黑表笔短接，此时万用表内部蜂鸣器发出约 1 kHz 的长鸣声。 3. 测量方法同电阻测量方法。当被测电路的阻值低于 10 Ω 时，蜂鸣器发出长鸣声，此时不必观察表盘就能够了解电路的通断情况。 4. 测量完毕后的操作同前。 **五、二极管极性的判断** 1. 插入表笔，仪表调零，方法与测量直流电流相同。 2. 将转换开关置于电阻量程 R×100 或 R×1 k 挡，进行欧姆调零。注意此时万用表的红表笔接内部电池的负极，黑表笔接内部电池的正极。 3. 按照测量电阻的方法测量二极管，注意观察指针的位置。将万用表红、黑表笔对换，再次测量二极管，注意观察指针的位置。 4. 指针偏转幅度大的那次，黑表笔所碰触的为二极管的正极；若指针指示为零，则说明二极管被击穿；若指针指示为无穷大，则说明二极管内部开路。 5. 测量完毕后的操作同前。 **六、三极管放大倍数的测量** 1. 插入表笔，仪表调零，方法与测量直流电流相同。 2. 将转换开关置于 hFE（R×10）挡，红、黑表笔短接，进行欧姆调零。 3. 将 NPN 型三极管的 e、b、c 三个管脚对应插入 N 列插孔。将 PNP 型三极管的 e、b、c 三个管脚对应插入 P 列插孔。	提示：进行明确的演示操作。 提示：进行明确的演示操作。 提示：进行明确的演示操作。	

教学过程与教学内容	教师活动	学生活动
4. 观察第6条刻度尺，确定读数的刻度，读出指针的指示值。 5. 测量完毕后的操作同前。 **七、电池电量的测量** 1. 插入表笔，仪表调零，方法与测量直流电流相同。 2. 将转换开关置于电池电量测量挡位，该挡位可以测量各类电池（除纽扣电池）的电量。 3. 测量时，将万用表黑表笔接电池负极，红表笔接电池正极。 4. 根据所测量电池的电压等级，观察相应的BATT刻度尺。绿区表示电池电力充足，“？”区表示电池尚能使用，红区表示电池电力不足。 5. 测量完毕后的操作同前。	提示：进行明确的演示操作。	
【课堂小结】 带领学生围绕以下问题，对本节课所学内容进行小结。 1. 模拟式万用表可以测量哪些电量？ 2. 模拟式万用表的使用步骤有哪些？	简明扼要地回顾本节课所学的知识要点，突出本节课的知识重点和难点。（10 min 左右）	听讲，做笔记。有问题可以现场提问。
【课后作业】 习题册 P27～28。	着重点评上节课作业共性的问题。发布本节课的作业，提醒学生需要注意之处。（5分钟左右）	对照自己的习题册，若有问题可以课后咨询。

§4-3 数字式万用表

<table>
<tr><th colspan="6">教案首页</th></tr>
<tr><td>序号</td><td>24</td><td>名称</td><td colspan="3">数字式万用表 1</td></tr>
<tr><td colspan="4">授课班级</td><td>授课日期</td><td>授课时数</td></tr>
<tr><td colspan="4"></td><td>年　月　日</td><td>2</td></tr>
<tr><td colspan="4"></td><td>年　月　日</td><td>2</td></tr>
<tr><td>教学目标</td><td colspan="5">通过本节课的教学，使学生达到以下要求：
1. 理解数字式万用表直流电压测量电路的基本原理。
2. 了解数字式万用表直流电流测量电路、交流电压测量电路、电阻测量电路的基本原理。</td></tr>
<tr><td>教学重、难点及解决办法</td><td colspan="5">重　　点：数字式万用表直流电流测量电路、交流电压测量电路、电阻测量电路的基本原理。
难　　点：数字式万用表直流电压测量电路的基本原理。
解决办法：通过和指针式万用表测量电路对比的学习方法，使学生掌握两种不同类型万用表的基本原理。</td></tr>
<tr><td>授课教具</td><td colspan="5">数字式万用表、多媒体教学设备。</td></tr>
<tr><td>授课方法</td><td colspan="5">讲授法，直观演示法，实物展示法。</td></tr>
<tr><td>教学思路和建议</td><td colspan="5">数字式电压基本表是电工数字仪表的核心，需要分析透彻此仪表的基本原理，从而为分析后续电路的原理打下坚实的基础。此外，还需要通过实物展示和现场操作，加深学生对数字式万用表知识和操作技能的理解。配合实训实验，效果会更好。</td></tr>
<tr><td>审批意见</td><td colspan="5">签字：
年　月　日</td></tr>
</table>

教学活动		
教学过程与教学内容	教师活动	学生活动
【课前准备】 1. 巡查教学环境。 2. 督促学生将手机关机，集中放入手机袋，统一保管。 3. 指导学生自查课堂学习材料的准备情况。 4. 发放习题册。 5. 考勤。 【复习提问】 1. 模拟式万用表可以测量哪些电量? 2. 模拟式万用表的使用步骤有哪些? 【教学引入】 测量机构是电工指示仪表的核心，而数字式电压基本表就是电工数字仪表的核心。同样，只要在数字式电压基本表的基础上增加不同的测量线路，就能组成各种不同用途的数字仪表。 【讲授新课】 **一、数字式万用表的组成和基本原理** 数字式万用表主要由数字式电压基本表、测量线路、量程开关三部分组成。 数字式电压基本表是数字式万用表的核心。 测量线路的作用是将被测的各种电量和电路参数转换为微小的直流电压，供数字式电压基本表显示数值。 量程开关的作用是将其置于不同测量挡位时，可接通不同的测量线路。 1. 直流电压测量电路 数字式万用表直流电压测量电路是利用分压电阻来扩大电压测量量程的。	督促学生完成课前准备。（课前 2 min 内） 提出问题，分别请2位学生作答。（5 min 左右） 利用实物和PPT授课。（55 min 左右） 提示：可以采用直观演示、提问等方式进行。 提示：和指针式万用表的组成进行对比。 提示：充分利用本教材提供的微视频，结合讲课内容和实训要求展开授课。 提示：数字式万用表利用电阻分压	按要求完成课前准备。 思考并回答问题。 听讲，做笔记，回答教师提问，观看教师的实物演示，加深对知识点的理解。 对新知识进行必要的记录。

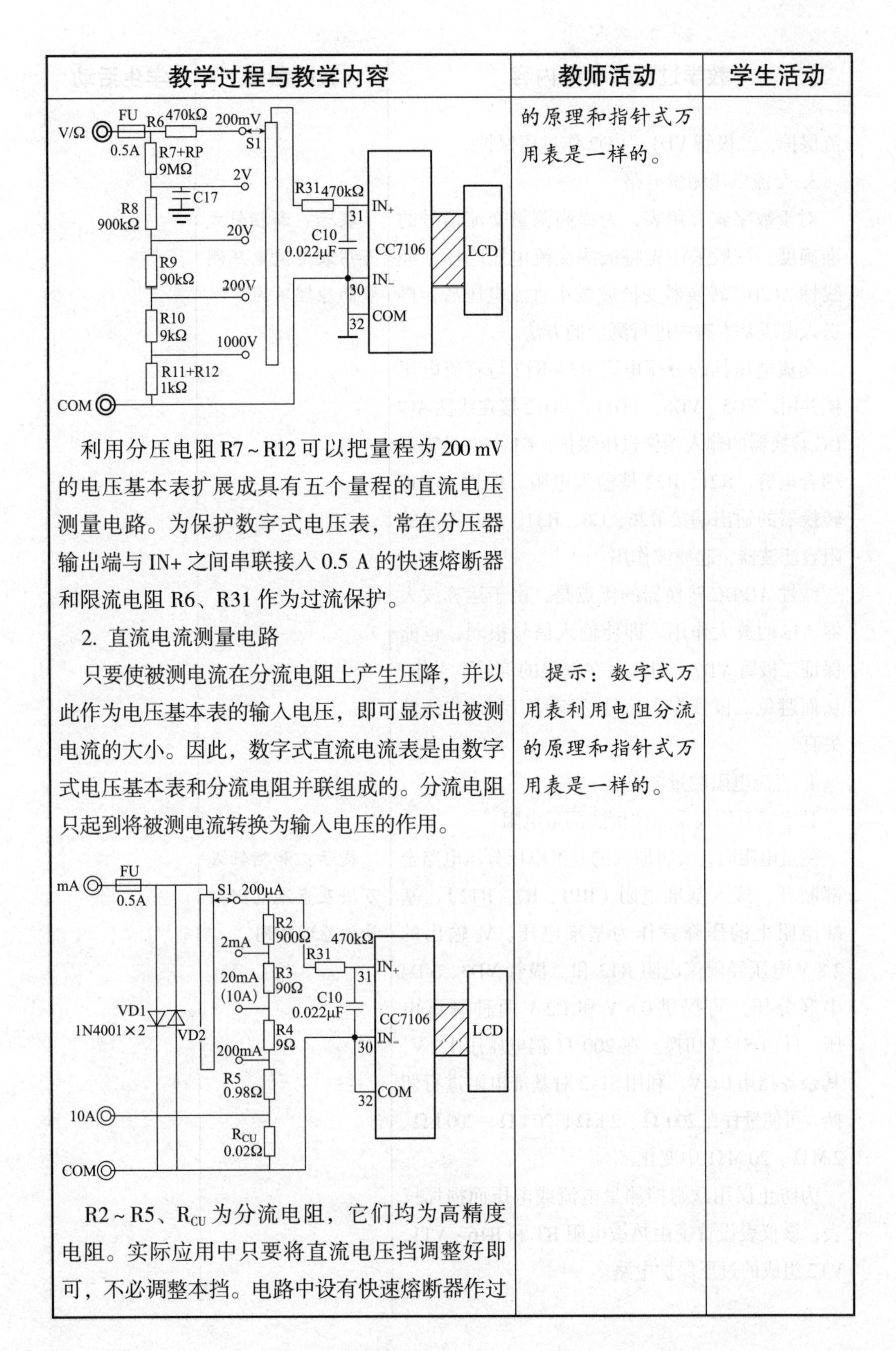

教学过程与教学内容	教师活动	学生活动
利用分压电阻R7～R12可以把量程为200 mV的电压基本表扩展成具有五个量程的直流电压测量电路。为保护数字式电压表，常在分压器输出端与IN+之间串联接入0.5 A的快速熔断器和限流电阻R6、R31作为过流保护。	的原理和指针式万用表是一样的。	
2. 直流电流测量电路 只要使被测电流在分流电阻上产生压降，并以此作为电压基本表的输入电压，即可显示出被测电流的大小。因此，数字式直流电流表是由数字式电压基本表和分流电阻并联组成的。分流电阻只起到将被测电流转换为输入电压的作用。	提示：数字式万用表利用电阻分流的原理和指针式万用表是一样的。	
R2～R5、R_{CU}为分流电阻，它们均为高精度电阻。实际应用中只要将直流电压挡调整好即可，不必调整本挡。电路中设有快速熔断器作过		

教学过程与教学内容	教师活动	学生活动
流保护，二极管 VD1、VD2 作过压保护。 3. 交流电压测量电路 对于数字式万用表，为提高测量交流信号的准确度，一般采用先将被测交流电压降压，经线性 AC/DC 转换器变换成微小直流电压后，再送入电压基本表中进行测量的方法。 交流电压挡的分压电阻 R7 ~ R12 与直流电压挡共用，VD5、VD6、VD11、VD12 接在线性 AC/DC 转换器的输入端作过压保护，C1、C2 是输入耦合电容，R21、R22 是输入电阻。线性 AC/DC 转换器的输出端接 R26、C6、R31、C10 构成的阻容滤波器，起滤波作用。 线性 AC/DC 转换器的优点是：由于运算放大器 A1a 的放大作用，即使输入信号很弱，也能保证二极管 VD7、VD8 可在较强的信号下工作，从而避免二极管在小信号整流时引起的非线性失真。 4. 直流电阻测量电路 数字式万用表采用比例法测量电阻。 测量电阻时，要将原来的基准电压分压电路全部断开，接入基准电阻（RP1、R7 ~ R12），基准电阻上的压降就作为基准电压。V_+ 输出的 2.8 V 电压经限流电阻 R13 和二极管 VD3、VD4 串联分压，可提供 0.6 V 和 1.2 V 两种测试电压，并由 S1–3 切换。在 200 Ω 挡电压用 1.2 V，其余各挡用 0.6 V。利用 S1–2 对基准电阻进行切换，可使量程在 200 Ω、2 kΩ、20 kΩ、200 kΩ、2 MΩ、20 MΩ 中变化。 为防止误用欧姆挡测量电流或电压而损坏仪表，该仪表设置了由热敏电阻 RT 和 R16、VT1、VT2 组成的过压保护电路。	提示：和指针式万用表交流电压测量的原理不同。 提示：和指针式万用表直流电阻测量的原理不同。	

教学过程与教学内容	教师活动	学生活动
【课堂小结】 带领学生围绕以下问题，对本节课所学内容进行小结。 1. 电工数字仪表的核心是什么？ 2. 数字式万用表主要由哪几部分组成？ 3. 数字式万用表直流电压测量电路是利用什么来扩大电压测量量程的？ 4. 为提高测量交流信号的准确度，一般采用什么方法？	简明扼要地回顾本节课所学的知识要点，突出本节课的知识重点和难点。（10 min 左右）	听讲，做笔记。有问题可以现场提问。
【课后作业】 习题册 P28 ~ 29　一、1 ~ 5　二、1 ~ 4 三、1 ~ 4　四、1	着重点评上节课作业共性的问题。发布本节课的作业，提醒学生需要注意之处。（5 分钟左右）	对照自己的习题册，若有问题可以课后咨询。

<table>
<tr><td colspan="4">教案首页</td></tr>
<tr><td>序号</td><td>25</td><td>名称</td><td colspan="2">数字式万用表 2</td></tr>
<tr><td colspan="3">授课班级</td><td>授课日期</td><td>授课时数</td></tr>
<tr><td colspan="3"></td><td>年　月　日</td><td>2</td></tr>
<tr><td colspan="3"></td><td>年　月　日</td><td>2</td></tr>
<tr><td>教学目标</td><td colspan="4">通过本节课的教学，使学生达到以下要求：
1. 熟悉数字式万用表的组成及各部分的作用。
2. 熟知数字式万用表的使用注意事项。</td></tr>
<tr><td>教学重、难点及解决办法</td><td colspan="4">重　　点：数字式万用表的组成及各部分的作用。
难　　点：数字式万用表的使用注意事项。
解决办法：通过演示数字式万用表操作的方式，讲解本节课的内容。利用和指针式万用表对比的学习方法，加深学生对这两种万用表的理解。</td></tr>
<tr><td>授课教具</td><td colspan="4">数字式万用表、多媒体教学设备。</td></tr>
<tr><td>授课方法</td><td colspan="4">讲授法，直观演示法，实物展示法。</td></tr>
<tr><td>教学思路和建议</td><td colspan="4">只有通过实物展示和现场操作，才能加深学生对数字式万用表知识和操作技能的理解。配合实训实验，效果会更好。</td></tr>
<tr><td>审批意见</td><td colspan="4">签字：
年　月　日</td></tr>
</table>

教学活动		
教学过程与教学内容	教师活动	学生活动
【课前准备】 1. 巡查教学环境。 2. 督促学生将手机关机，集中放入手机袋，统一保管。 3. 指导学生自查课堂学习材料的准备情况。 4. 发放习题册。 5. 考勤。	督促学生完成课前准备。（课前 2 min 内）	按要求完成课前准备。
【复习提问】 1. 数字式万用表主要由哪几部分组成？ 2. 数字式万用表直流电压测量电路是利用什么来扩大电压测量量程的？ 3. 为提高测量交流信号的准确度，一般采用什么方法？	提出问题，分别请 3 位学生作答。（5 min 左右）	思考并回答问题。
【教学引入】 我们知道了指针式万用表的结构和使用方法，那数字式万用表的结构和使用方法与指针式万用表相比有什么不同之处？	利用实物和 PPT 授课。（55 min 左右）	听讲，做笔记，回答教师提问，观看教师的实物演示，加深对知识点的理解。
【讲授新课】 **二、数字式万用表的结构** UT890 系列手动量程数字式万用表具有真有效值、全量程 600 V 保护和 100 mF 超大电容自动量程测量功能，能够轻松、快速解决电子、电器和家电故障等问题，属于国内较常见的 $3\frac{1}{2}$ 位便携式 LCD 显示数字式万用表。 UT890D+ 型数字式万用表如教材图 4-3-9 所示，前面板包括 LCD 显示屏、功能按键、三极管测量四脚插孔、量程开关、测量输入端口等，后面板包括电池盒、表笔定位架等。	提示：可以采用直观演示、提问等方式进行。 提示：充分利用本教材提供的微视频，结合讲课内容和实训要求展开授课。	对新知识进行必要的记录。

教学过程与教学内容	教师活动	学生活动
1. 保护套 万用表外壳采用硅胶保护套，把握手感舒适。 2. LCD 显示屏 该表采用大字号 LCD 显示屏，最大显示值为 6 099。若测量时输入超量程，显示屏会显示提示符号；若测量时被测电压或电流的极性为负，在显示值前会出现“–”号。 3. 功能按键 SELECT 按键：该键用于切换二极管 / 电路通断量程、交流电压 / 频率量程、交流 / 直流电流量程，每按一次，对应的测试功能挡量程切换一次。 △MAX/MIN 按键：在电容挡按此键可清除底数；在电压挡和电流挡按此键进入最大 / 最小值显示模式。 HOLD/ 按键：按此键进入数据保持 / 取消数据保持模式；当按键时间大于等于 2 s，则打开 / 关闭 LCD 显示屏背光。 4. 三极管测量四脚插孔 三极管测量四脚插孔位于量程开关的右上方，插孔旁分别标有字母 B、C、E（NPN 型）或 b、c、e（PNP 型）。测量时，应根据被测三极管管型，将三极管的三个极对应插入 B、C、E（或 b、c、e）插孔内。 5. 量程开关 位于面板中央的量程开关提供了电流、电压、电阻等 27 种量程。 6. 测量输入端口 电量测量输入端口有四个，位于面板下方。 7. 电池盒 电池盒位于后盖下方，内置两节 1.5 V 电池。	提示：将数字式万用表和指针式万用表进行对比。 提示：需要通过实物演示来加深学生对功能按键作用的认知。	

<table>
<tr><th>教学过程与教学内容</th><th>教师活动</th><th>学生活动</th></tr>
<tr><td>三、数字式万用表的保护和使用注意事项
1. 使用数字式万用表之前，应仔细阅读使用说明书。
2. 测量前，应检查量程开关位置及两表笔所插的插孔。
3. 测量前若无法估计被测量大小，应先用最高量程挡测量，再视测量结果选择合适的量程挡。
4. 严禁在测量电压或电流时拨动量程开关，以防止产生电弧烧毁开关触点。
5. 由于数字式万用表的频率特性较差，故只能测量 45 ~ 500 Hz 范围内的正弦波电量的有效值。
6. 严禁在被测电路带电的情况下测量电阻，以免损坏仪表。
7. 若将电源开关拨离“OFF”位置，液晶显示器无显示，应检查电池是否失效或熔断器是否熔断。若显示欠压信号，则需更换新电池。
8. 为延长电池使用寿命，每次仪表使用完毕应将电源开关置于“OFF”位置。
【课堂小结】
带领学生围绕以下问题，对本节课所学内容进行小结。
1. UT890D+ 型数字式万用表属于较常见的多少位便携式 LCD 显示数字式万用表？
2. UT890D+ 型数字式万用表前面板包括哪几个部分？
3. UT890D+ 型数字式万用表测量时输入超量程，显示屏会显示什么？
4. 数字式万用表的保护和使用注意事项有哪些？</td><td>简明扼要地回顾本节课所学的知识要点，突出本节课的知识重点和难点。（10 min 左右）</td><td>听讲，做笔记。有问题可以现场提问。</td></tr>
</table>

教学过程与教学内容	教师活动	学生活动
【课后作业】 习题册 P28～29 一、6～7 四、2～4	着重点评上节课作业共性的问题。发布本节课的作业，提醒学生需要注意之处。（5 min 左右）	对照自己的习题册，若有问题可以课后咨询。

§4-4　数字式万用表的使用

<table>
<tr><td colspan="5">教案首页</td></tr>
<tr><td>序号</td><td>26</td><td>名称</td><td colspan="2">数字式万用表的使用</td></tr>
<tr><td colspan="3">授课班级</td><td>授课日期</td><td>授课时数</td></tr>
<tr><td colspan="3"></td><td>年　月　日</td><td>2</td></tr>
<tr><td colspan="3"></td><td>年　月　日</td><td>2</td></tr>
<tr><td>教学目标</td><td colspan="4">通过本节课的教学，使学生达到以下要求：
1. 掌握用数字式万用表测量交流电压、直流电压、交流电压、直流电流、电阻等电量的方法。
2. 掌握数字式万用表的使用注意事项。</td></tr>
<tr><td>教学重、难点及解决方法</td><td colspan="4">重　　点：1. 数字式万用表测量交、直流电压的方法。
2. 数字式万用表测量交、直流电流的方法。
难　　点：1. 数字式万用表测量电阻的方法。
2. 数字式万用表的使用注意事项。
解决办法：通过现场示范操作、边示范边讲解的方法，帮助学生直观理解以上重、难点。</td></tr>
<tr><td>授课教具</td><td colspan="4">数字式万用表、多媒体教学设备。</td></tr>
<tr><td>授课方法</td><td colspan="4">讲授法，直观演示法，实物展示法。</td></tr>
<tr><td>教学思路和建议</td><td colspan="4">本节课的教学内容必须以演示操作为主、以讲解分析为辅，才能取得较好的教学效果，这就要求授课教师必须能熟练使用数字式万用表。</td></tr>
<tr><td>审批意见</td><td colspan="4">签字：
年　月　日</td></tr>
</table>

教学活动		
教学过程与教学内容	教师活动	学生活动
【课前准备】 1. 巡查教学环境。 2. 督促学生将手机关机，集中放入手机袋，统一保管。 3. 指导学生自查课堂学习材料的准备情况。 4. 发放习题册。 5. 考勤。	督促学生完成课前准备。（课前2 min内）	按要求完成课前准备。
【复习提问】 1. UT890D+ 型数字式万用表前面板包括哪些部分？ 2. UT890D+ 型数字式万用表LCD显示屏最大显示值为多少？如果测量时输入超量程，显示屏会显示什么？ 3. 数字式万用表的保护和使用注意事项有哪些？	提出问题，分别请3位学生作答。（5 min左右）	思考并回答问题。
【教学引入】 使用UT890D+ 型数字式万用表前，应注意测量输入端口旁的警示符号，该符号用于警示使用者留意被测量电压或电流不要超出规定的数值，以保证测量安全。 【讲授新课】 一、交、直流电压的测量 1. 将万用表平放，红表笔插入“V/Ω”插孔，黑表笔插入“COM”插孔。 2. 估计被测直（交）流电压大小，根据电压性质和大小，将万用表量程开关置于合适的直（交）流电压挡位上，此时，LCD显示屏显示“DC 0 V”（“AC 0 V”）。严禁在测量电压的过程中拨量程开关。	利用实物和PPT授课。（55 min左右） 提示：可以采用直观演示、提问的方式进行。 提示：充分利用本教材提供的微视频，结合讲课内容和实训要求展开授课。	听讲，做笔记，回答教师提问，观看教师的实物演示，加深对知识点的理解。 对新知识进行必要的记录。

教学过程与教学内容	教师活动	学生活动
3. 测量直流电压时，按照从直流电源“+”到“-”的方向，将万用表并联到被测电路中，即红表笔连接直流电源的正极，黑表笔连接直流电源的负极。 4. 测量交流电压时，只需要将万用表并联到被测电路中，无须考虑表笔的颜色。 5. 数字式万用表均可直接读数。 6. 测量完毕应及时将量程开关置于“OFF”量程挡位。 **二、交、直流电流的测量** 1. 将万用表平放，红表笔插入“mA/μA”插孔，黑表笔插入“COM”插孔。 2. 估计被测直（交）流电流的大小，将量程开关置于合适的直（交）流电流挡位上。根据被测电量的性质，按“SELECT”按键，对交流/直流电流量程进行切换。 3. 测量直流电流时，按照从直流电源“+”到“-”的方向，将万用表串联到被测电路中，即红表笔连接直流电源的正极，黑表笔连接直流电源的负极。 4. 测量交流电流时，只需要将万用表串联到被测电路中，无须考虑表笔的颜色。 5. 数字式万用表均可直接读数。 6. 当测量的直（交）流电流在600 mA ~ 20 A时，首先将红表笔插入“20 A”专用插孔，量程开关置于20 A挡，按“SELECT”按键，对交流/直流电流量程进行切换，余下的测量方法同前。 7. 测量完毕的操作同前。 **三、直流电阻的测量** 1. 将万用表平放，红表笔插入“V/Ω”插孔，黑表笔插入“COM”插孔。	提示：进行明确的演示操作，同时注意自身安全。 提示：进行明确的演示操作。	

教学过程与教学内容	教师活动	学生活动
2. 估计被测电阻的大小，然后将量程开关置于合适的“Ω”量程挡位，LCD 显示屏显示“O.L Ω”、“O.L kΩ”或“O.L MΩ”。如果不能估计被测电阻的大小，则将量程开关置于“60 k”挡位，再根据测量结果逐步选择合适的量程挡位，保证测量的精度。 3. 测量前必须切断电源，不能带电测量。如果电路中有电容，应将两个测量点短接，进行放电处理。测量时，被测电阻不能有并联支路，以免影响测量的准确性。 4. 数字式万用表可直接读数。 5. 测量完毕的操作同前。 **四、电路通断的判断** 1. 将万用表平放，红表笔插入“V/Ω”插孔，黑表笔插入“COM”插孔。 2. 将量程开关置于蜂鸣器挡。LCD 显示屏显示“OL Ω”。 3. 测量前必须切断电源，不能带电测量。如果电路中有电容，应将两个测量点短接，进行放电处理。测量时，被测电路不能有并联支路，以免影响结果的准确性。 4. 测量时，如果电路导通性能良好，则蜂鸣器连续蜂鸣，红色二极管发光。 5. 测量完毕的操作同前。 **五、二极管极性的判断** 1. 将万用表平放，红表笔插入“V/Ω”插孔，黑表笔插入“COM”插孔。 2. 将量程开关置于蜂鸣器挡。按“SELECT”按键，对二极管/通断量程进行切换，LCD 显示屏显示“.OL V”。 3. 测量时，先用万用表两只表笔碰触二极管两端，调换表笔，再次测量。	提示：进行明确的演示操作。 提示：进行明确的演示操作。 提示：进行明确	

教学过程与教学内容	教师活动	学生活动
4. 如果正向连接，LCD 显示屏显示该二极管PN结的电压降；如果反向连接或二极管开路，LCD 显示屏显示“.OL”。	的演示操作。	
5. 测量完毕的操作同前。		
六、三极管放大倍数的测量		
1. 将万用表平放。		
2. 将量程开关置于“hFE”挡。LCD 显示屏显示“0β”。		
3. 将被测三极管（NPN 型或 PNP 型）的发射极、基极、集电极插入对应的插孔中，并保证它们接触良好。	提示：进行明确的演示操作。	
4. 数字式万用表可直接读数。		
5. 测量完毕的操作同前。		
七、电容的测量		
1. 将万用表平放，红表笔插入“V/Ω”插孔，黑表笔插入“COM”插孔。		
2. 将量程开关置于电容挡。LCD 显示屏显示“0 nF Auto”。	提示：进行明确的演示操作。	
3. 用红、黑表笔碰触电容的两端。		
4. 待显示值稳定后方可读数。		
5. 测量完毕的操作同前。		
八、非接触交流电场的测量		
1. 检测非接触交流电场时，红、黑表笔无须插入插孔。		
2. 将量程开关置于 NCV 挡。 3. 将万用表的顶端靠近带电物体进行检测。	提示：注意与带电体保持足够的安全距离。	
4. LCD 显示屏以“-”笔段代表被测电场的强度，其共分为 5 个等级。随着电场强度的变化，蜂鸣器的发声和 LED 指示灯的闪烁同步改变频率。“EF”表示被测导线无电场。“----”表示电场的强度最大。	提示：进行明确的演示操作。	
5. 测量完毕的操作同前。		

教学过程与教学内容	教师活动	学生活动
九、频率的测量 1. 将万用表平放，红表笔插入“V/Ω”插孔，黑表笔插入“COM”插孔。 2. 当测量的频率信号小于 30 V 时，将量程开关置于频率挡。LCD 显示屏显示“0 Hz Auto”。 3. 当测量的频率信号大于 30 V 时，将量程开关置于交流电流挡，通过“SELECT”按键对交流电压 / 频率量程进行切换。LCD 显示屏显示“0 Hz Auto”。 4. 将红、黑表笔跨接在信号源或交流电源的两端。 5. 待显示值稳定后方可读数。 6. 测量完毕的操作同前。	提示：进行明确的演示操作。	
十、相线 / 零线的判断 1. 将万用表平放，红表笔插入“V/Ω”插孔，黑表笔悬空。 2. 将量程开关置于“LIVE”挡。LCD 显示屏显示“----AC”。 3. 将红表笔触及插座或导线的金属部位。 4. 当检测到相线时，LCD 显示屏显示“LIVE”，并有声、光提示。当检测到零线时，LCD 显示屏显示“----”。 5. 测量完毕的操作同前。	提示：进行明确的演示操作。	
十一、其他功能的说明 1. 万用表开机 2 s 内会进行自检，自检结束后进入正常测量功能。 2 当测量的直流电压大于等于 1 000 V，交流电压≥ 750 V，直流 / 交流电流大于 20 A 时，蜂鸣器持续蜂鸣，警示量程处于极限。 3. 在测量过程中，若万用表持续 15 min 未被使用，则自动进入关机状态，在此状态下，操作任意按键或量程开关会自动唤醒开机。若不		

教学过程与教学内容	教师活动	学生活动
需要其自动关机，则在将量程开关拨至“OFF”的同时按住“SELECT”键，待万用表重新开机后，自动关机功能会被取消。 4. 在自动关机前约 1 min，蜂鸣器会连续发出5声警示音，关机前蜂鸣器会发出一长声警示音。 5. 当万用表内部电池电压低于 2.5 V 时，LCD 显示屏显示电池欠压提示符号，但仍可正常使用。当电压低于 2.2 V 时，LCD 显示屏显示电池欠压提示符号，万用表不能正常使用。		
【课堂小结】 带领学生围绕以下问题，对本节课所学内容进行小结。 1. 数字式万用表可以测量哪些不同电量？ 2. 数字式万用表使用的国际电气符号有哪些？	简明扼要地回顾本节课所学的知识要点，突出本节课的知识重点和难点。（10 min 左右）	听讲，做笔记。有问题可以现场提问。
【课后作业】 习题册 P30 ~ 31。	着重点评上节课作业共性的问题。发布本节课的作业，提醒学生需要注意之处。（5 min 左右）	对照自己的习题册，若有问题可以课后咨询。

实训5　用万用表测量电阻、电压和电流

<table>
<tr><td colspan="5">教案首页</td></tr>
<tr><td>序号</td><td>27</td><td>名称</td><td colspan="2">用万用表测量电阻、电压和电流</td></tr>
<tr><td colspan="3">授课班级</td><td>授课日期</td><td>授课时数</td></tr>
<tr><td colspan="3"></td><td>年　月　日</td><td>1</td></tr>
<tr><td colspan="3"></td><td>年　月　日</td><td>1</td></tr>
<tr><td>教学目标</td><td colspan="4">通过本节课的教学，使学生达到以下要求：
1. 了解模拟式和数字式万用表的结构和工作原理。
2. 熟练掌握用万用表测量直流电阻，交、直流电压和交、直流电流的方法。</td></tr>
<tr><td>教学重、难点及解决办法</td><td colspan="4">重　点：1. 指针式万用表测量直流电阻，交、直流电压和直流电流的方法。
2. 数字式万用表测量直流电阻，交、直流电压和交、直流电流的方法。
难　点：万用表的使用方法。
解决办法：通过演示和巡回指导，解决以上问题。</td></tr>
<tr><td>授课教具</td><td colspan="4">实训实验器材、多媒体教学设备。</td></tr>
<tr><td>授课方法</td><td colspan="4">讲授法，直观演示法，实验法。</td></tr>
<tr><td>教学思路和建议</td><td colspan="4">对于实训实验课程，首先分析实训实验的目的，其次介绍使用的实训实验器材，然后进行演示操作，最后由学生进行操作，教师巡回指导。只有这样，才能达到实训实验的目的。</td></tr>
<tr><td>审批意见</td><td colspan="4">签字：
年　月　日</td></tr>
</table>

教学活动		
教学过程与教学内容	**教师活动**	**学生活动**
【课前准备】 1. 巡查教学环境。 2. 督促学生将手机关机，集中放入手机袋，统 保管。 3. 指导学生自查课堂学习材料的准备情况。 4. 发放习题册。 5. 考勤。	督促学生完成课前准备。（课前 2 min 内）	按要求完成课前准备。
【复习提问】 1. 数字式万用表可以测量哪些不同电量？ 2. 数字式万用表使用的国际电气符号有哪些？	提出问题，分别请2位学生作答。（5 min 左右）	思考并回答问题。
【教学引入】 在工作、生活中，我们一般使用万用表测量电阻、电压和电流，而不用电阻表、电压表、电流表测量电阻、电压和电流。 **【讲授新课】** **一、实训内容及步骤** 1. 外观检查 2. 测量负载电阻 将万用表量程开关置于欧姆挡适当量程，分别测量各个负载电阻的阻值，并填入教材表 4–4–12 中。 3. 测量电路的交、直流电压和交、直流电流 （1）按教材图 4–4–1 进行电路连接。 （2）调整调压器，使之输出适当大小的电压。将万用表量程开关置于交流电压挡适当量程，分别测量教材图 4–4–1 中的 a ~ a′ 和 b ~ b′ 之间的电压值，将测得的交流电压值填入教材表 4–4–13 中。 （3）将万用表量程开关置于直流电压挡适当量程，分别测量教材图 4–4–1 中 c ~ c′ 和 d ~ d′ 之间	利用实物和 PPT 授课。（30 min 左右）	听讲，做笔记，回答教师提问，观看教师的实物演示，加深对知识点的理解。 对新知识进行必要的记录。

教学过程与教学内容	教师活动	学生活动
的电压值，并将测得的直流电压值填入教材表 4–4–13 中。 （4）断开教材图 4–4–1 中的 a ~ a″间的电路，将万用表开关置于交流电流挡适当量程，测量 a ~ a″间的交流电流值。将 a ~ a″间的电路连接，断开 b ~ b″之间的电路，将万用表开关置于交流电流挡适当量程，测量 b ~ b″间的交流电流值。将两次测得的交流电流值填入教材表 4–4–14 中。 （5）断开教材图 4–4–1 中的 c ~ c″间的电路，将万用表开关置于直流电流挡适当量程，测量 c ~ c″间的直流电流值。将 c ~ c″间的电路连接，断开 d ~ d″之间的电路，将万用表开关置于直流电流挡适当量程，测量 d ~ d″间的直流电流值。将两次测得的直流电流值填入教材表 4–4–14 中。 4. 清理场地并归置物品		
二、实训注意事项 1. 必要时，应戴绝缘手套进行测量，并注意身体各部位要与带电体保持安全距离。 2. 严禁在测量电压或电流时拨动量程开关。 3. 严禁在被测电路带电的情况下测量电阻。 4. 一定要检查电路连接是否正确，并经实训指导教师同意后方能进行通电实训。	提示：对于实训注意事项可以在演示时就提出要求，课程小结时再归纳。	
三、实训测评 根据教材表 4–4–15 中的评分标准对实训进行测评，并将评分结果填入表中。		
【课堂小结】 带领学生围绕以下问题，对本节课所学内容进行小结。 1. 指针式万用表测量直流电阻，交、直流电压和直流电流的方法和注意事项有哪些？	简明扼要地回顾本节课所学的知识要点，突出本节课的知识重点和难	听讲，做笔记。有问题可以现场提问。

教学过程与教学内容	教师活动	学生活动
2. 数字式万用表测量直流电阻，交、直流电压和交、直流电流的方法和注意事项有哪些？	点。（3 min 左右）	
【课后作业】 复习本次实训课的内容，简述数字式万用表的使用注意事项。	着重点评上节课作业共性的问题。发布本节课的作业，提醒学生需要注意之处。（2 min 左右）	对照自己的习题册，若有问题可以课后咨询。

实训 6　万用表其他功能的应用

<table>
<tr><td colspan="6">教案首页</td></tr>
<tr><td>序号</td><td>28</td><td>名称</td><td colspan="3">万用表其他功能的应用</td></tr>
<tr><td colspan="3">授课班级</td><td colspan="2">授课日期</td><td>授课时数</td></tr>
<tr><td colspan="3"></td><td colspan="2">年　月　日</td><td>1</td></tr>
<tr><td colspan="3"></td><td colspan="2">年　月　日</td><td>1</td></tr>
<tr><td>教学目标</td><td colspan="5">通过本节课的教学，使学生达到以下要求：
1. 进一步熟悉万用表的结构和工作原理。
2. 熟练掌握用万用表测量其他电量的方法和步骤。</td></tr>
<tr><td>教学重、难点及解决办法</td><td colspan="5">重　　点：1. 电路通断的测量。
2. 频率的测量。
难　　点：测量其他电量的方法、步骤和注意事项。
解决办法：通过演示和巡回指导，解决以上问题。</td></tr>
<tr><td>授课教具</td><td colspan="5">实训实验器材、多媒体教学设备。</td></tr>
<tr><td>授课方法</td><td colspan="5">讲授法，直观演示法，实验法。</td></tr>
<tr><td>教学思路和建议</td><td colspan="5">对于实训实验课程，首先分析实训实验的目的，其次介绍使用的实训实验器材，然后进行演示操作，最后由学生进行操作，教师巡回指导。只有这样，才能达到实训实验的目的。</td></tr>
<tr><td>审批意见</td><td colspan="5">签字：
年　　月　　日</td></tr>
</table>

教学活动		
教学过程与教学内容	教师活动	学生活动
【课前准备】 1. 巡查教学环境。 2. 督促学生将手机关机，集中放入手机袋，统一保管。 3. 指导学生自查课堂学习材料的准备情况。 4. 考勤。	督促学生完成课前准备。（课前2 min内）	按要求完成课前准备。
【复习提问】 1. 指针式万用表测量直流电阻，交、直流电压和直流电流的方法和注意事项有哪些？ 2. 数字式万用表测量直流电阻，交、直流电压和交、直流电流的方法和注意事项有哪些？	提出问题，分别请2位学生作答。（5 min左右）	思考并回答问题。
【教学引入】 万用表除了可以测量直流电阻，交、直流电压和交、直流电流，还可以测量其他电量。 【讲授新课】 一、实训内容及步骤 1. 外观检查 2. 相线的判断 选择数字式万用表的“LIVE”挡，按照相线/零线判断的方法和步骤，判断电气装置中照明电路的相线，并对判断出的相线做标记。（因带电作业，故操作过程中应注意人身和设备安全） 3. 非接触交流电场的测量 选择数字式万用表的“NVC”挡，按照非接触交流电场测量的方法和步骤判断是否存在交流电场，被测电场的强度越大，蜂鸣频率和LED闪烁频率越高。 4. 频率的测量 选择数字式万用表的交流电压挡，通过“SELECT”按键对交流电压/频率量程进行切换，按照频率测量的方法和步骤进行测量。	利用实物和PPT授课。（30 min左右）	听讲，做笔记，回答教师提问，观看教师的实物演示，加深对知识点的理解。

教学过程与教学内容	教师活动	学生活动
5. 电路通断的判断 选择数字式万用表的蜂鸣器挡，按照电路通断判断的方法和步骤，判断被测电路的导通性能是否良好。 6. 三极管放大倍数的测量 选择数字式万用表的“hFE”挡，按照三极管放大倍数测量的方法和步骤进行测量。 7. 清理场地并归置物品 **二、实训注意事项** 1. 必要时，应戴绝缘手套进行测量，并注意身体各部位要与带电体保持安全距离。 2. 一定要检查电路连接是否正确，并经实训指导教师同意后方能进行通电实训。 **三、实训测评** 根据教材表 4–4–16 中的评分标准对实训进行测评，并将评分结果填入表中。		
【课堂小结】 带领学生围绕以下问题，对本节课所学内容进行小结。 1. 万用表可测量的电量有哪些？ 2. 万用表测量电量的注意事项有哪些？	简明扼要地回顾本节课所学的知识要点，突出本节课的知识重点和难点。（3 min 左右）	听讲，做笔记。有问题可以现场提问。
【课后作业】 复习本次实训课的内容，简述万用表的使用注意事项。	发布本节课的作业，提醒学生需要注意之处。（2 min 左右）	若有问题可以课后咨询。

第五章
电阻的测量

§5-1　电阻测量方法的分类

<table>
<tr><td colspan="5">教案首页</td></tr>
<tr><td>序号</td><td>29</td><td>名称</td><td colspan="2">电阻测量方法的分类</td></tr>
<tr><td colspan="3">授课班级</td><td>授课日期</td><td>授课时数</td></tr>
<tr><td colspan="3"></td><td>年　月　日</td><td>2</td></tr>
<tr><td colspan="3"></td><td>年　月　日</td><td>2</td></tr>
<tr><td>教学目标</td><td colspan="4">通过本节课的教学，使学生达到以下要求：
1. 了解电阻测量的常用方法。
2. 熟悉用伏安法测量直流电阻的方法及适用场合。</td></tr>
<tr><td>教学重、难点及解决办法</td><td colspan="4">重　　点：电阻测量的常用方法。
难　　点：用伏安法测量直流电阻的方法及适用场合。
解决办法：通过举例介绍电阻测量的常用方法。通过计算电阻值，分析用伏安法测量直流电阻的方法和注意事项。</td></tr>
<tr><td>授课教具</td><td colspan="4">万用表、兆欧表、接地电阻测试仪、多媒体教学设备。</td></tr>
<tr><td>授课方法</td><td colspan="4">讲授法，比较法，举例法。</td></tr>
<tr><td>教学思路和建议</td><td colspan="4">本节课可通过启发式教学方法，利用学生已学的用万用表测量电阻的方法，逐步深入、循序渐进，将理论知识与学生现有的知识结合，起到触类旁通的教学效果。</td></tr>
<tr><td>审批意见</td><td colspan="4">签字：
年　　月　　日</td></tr>
</table>

教学活动		
教学过程与教学内容	教师活动	学生活动
【课前准备】 1. 巡查教学环境。 2. 督促学生将手机关机，集中放入手机袋，统一保管。 3. 指导学生自查课堂学习材料的准备情况。 4. 考勤。	督促学生完成课前准备。（课前2 min内）	按要求完成课前准备。
【复习提问】 1. 使用指针式万用表测量电阻的步骤有哪些? 2. 使用数字式万用表测量电阻的步骤有哪些?	提出问题，分别请2位学生作答。（5 min左右）	思考并回答问题。
【教学引入】 电阻的测量在电工测量中十分重要，它与测量线路的通断，判断电气设备和线路的故障，测量电阻阻值的变化等有关。 工程中所测量的电阻阻值一般为1 μΩ ~ 1 TΩ。实际工作中为了选用合适的仪表、减小测量误差，通常将电阻按其阻值大小分为三类：1 Ω 以下为小电阻，1 Ω ~ 100 kΩ 为中电阻，100 kΩ 以上为大电阻。	利用实物和PPT授课。（55 min左右）	听讲，做笔记，回答教师提问，观看教师的实物演示，加深对知识点的理解。
【讲授新课】 **一、按获取测量结果的方式分类** 按获取测量结果方式的不同，电阻测量方法可分为直接法、比较法和间接法三种。 1. 直接法 直接法即采用直读式仪表测量电阻的方法，如用万用表、兆欧表测量电阻。 直接法测量电阻的优点是读数方便，操作简单；缺点是误差大，会受到仪表内部电源电压的影响。	提示：可以采用直观演示、提问等方式进行。 提示：可以通过比较三种测量方法的优、缺点来加强学生的理解。	对新知识进行必要的记录。

教学过程与教学内容	教师活动	学生活动
2. 比较法 比较法即采用比较仪表测量电阻的方法，如用直流电桥测量电阻。 比较法测量电阻的优点是测量准确度高，测量范围广；缺点是操作烦琐，设备费用高。 3. 间接法 间接法即先测量与电阻有关的电量，然后通过相关的公式计算出电阻阻值的方法，如伏安法测量电阻。 间接法测量电阻的优点是可以在给定工作状态下进行测量，特别适合非线性元器件电阻的测量；缺点是测量的结果还需通过计算求得。 **二、按所使用的仪表分类** 1. 万用表法 适用范围：中电阻。 优点：直接读数，使用方便。 缺点：测量误差较大。 2. 伏安法 适用范围：中电阻。 优点：能测量工作状态下元器件的电阻，尤其适用于非线性元器件电阻的测量。 缺点：测量误差较大，测量结果需要经过计算求得。 3. 兆欧表法 适用范围：大电阻。 优点：直接读数，使用方便。 缺点：测量误差较大。 4. 低电阻测试仪法 适用范围：中、小电阻。 优点：准确度高。 缺点：操作烦琐。 5. 接地电阻测试仪法 适用范围：接地电阻。	提示：可以通过比较五种测量方法的优、缺点来加强学生的理解。	

教学过程与教学内容	教师活动	学生活动
优点：准确度较高，适用于测量接地电阻。 缺点：操作烦琐。 **三、用伏安法测量直流电阻** 把被测电阻接上直流电源，然后用电压表和电流表分别测得电阻两端的电压 U_X 和通过电阻的电流 I_X，再根据欧姆定律计算出被测电阻的阻值，这种方法被称为伏安法。 1. 电压表前接电路 电压表接在电流表之前，电压表所测量的电压不仅包括被测电阻两端的电压，还包括电流表内阻上的电压，因此，电压表前接电路适用于被测电阻很大（远大于电流表内阻）的情况。 2. 电压表后接电路 电压表接在电流表之后，则通过电流表的电流不仅包括通过被测电阻的电流，还包括通过电压表的电流，因此，电压表后接电路适用于被测电阻很小（远小于电压表内阻）的情况。	提示：比较两种接法的特点。	
【课堂小结】 带领学生围绕以下问题，对本节课所学内容进行小结。 1. 电阻如何按阻值大小分类？ 2. 按获取测量结果的方式对电阻测量方法进行分类，可分为哪几种方法？各自的优、缺点是什么？ 3. 用伏安法测量电阻阻值时，什么时候用电压表前接电路，什么时候用电压表后接电路？	简明扼要地回顾本节课所学的知识要点，突出本节课的知识重点和难点。（10 min 左右）	听讲，做笔记。有问题可以现场提问。
【课后作业】 习题册 P32 ~ 33。	发布本节课的作业，提醒学生需要注意之处。（5 min 左右）	对照自己的习题册，若有问题可以课后咨询。

§5-2　直流单臂电桥和直流低电阻测试仪

<table>
<tr><td colspan="5">教案首页</td></tr>
<tr><td>序号</td><td>30</td><td>名称</td><td colspan="2">直流单臂电桥和直流
低电阻测试仪 1</td></tr>
<tr><td colspan="3">授课班级</td><td>授课日期</td><td>授课时数</td></tr>
<tr><td colspan="3"></td><td>年　月　日</td><td>2</td></tr>
<tr><td colspan="3"></td><td>年　月　日</td><td>2</td></tr>
<tr><td>教学目标</td><td colspan="4">通过本节课的教学，使学生达到以下要求：
1. 熟悉直流单臂电桥的结构及工作原理。
2. 掌握直流单臂电桥的使用及维护方法。</td></tr>
<tr><td>教学重、难点及解决办法</td><td colspan="4">重　　点：直流单臂电桥的维护方法。
难　　点：1. 直流单臂电桥的结构及工作原理。
2. 直流单臂电桥的使用。
解决办法：首先分析直流单臂电桥电路原理，其次通过展现电桥平衡时的电阻阻值计算步骤，讲解直流单臂电桥的读数方法，最后演示直流单臂电桥的使用过程，提高学生的学习效果。</td></tr>
<tr><td>授课教具</td><td colspan="4">直流单臂电桥、多媒体教学设备。</td></tr>
<tr><td>授课方法</td><td colspan="4">讲授法，直观演示法，实物展示法。</td></tr>
<tr><td>教学思路和建议</td><td colspan="4">从本节课开始，教师使用专用的电工仪表授课，上课前需要准备直流单臂电桥，带进课堂，通过实物展示，讲清仪表结构、操作步骤，这样才能有更好的教学效果。</td></tr>
<tr><td>审批意见</td><td colspan="4">签字：
年　月　日</td></tr>
</table>

教学活动		
教学过程与教学内容	教师活动	学生活动
【课前准备】 1. 巡查教学环境。 2. 督促学生将手机关机，集中放入手机袋，统一保管。 3. 指导学生自查课堂学习材料的准备情况。 4. 发放习题册。 5. 考勤。	督促学生完成课前准备。（课前 2 min 内）	按要求完成课前准备。
【复习提问】 1. 电阻如何按阻值大小分类？ 2. 按获取测量结果的方式分类电阻测量方法，可分为哪几种？它们各自的优、缺点是什么？ 3. 用伏安法测量电阻阻值时，何时用电压表前接电路，何时用电压表后接电路？	提出问题，分别请3位学生作答。（5 min 左右）	思考并回答问题。
【教学引入】 电桥是一种常用的比较式仪表，它用准确度很高的元器件（如标准电阻器、电感器、电容器）作为标准量，然后用比较的方法去测量电阻、电感、电容等电路参数，因此，电桥测量的准确度很高。 电桥的种类很多，电桥可以分为交流电桥（用于测量电感、电容等交流参数）和直流电桥。直流电桥又分为直流单臂电桥和直流双臂电桥两种。	利用实物和PPT授课。（55 min 左右） 提示：可以采用直观演示、提问等方式进行。	听讲，做笔记，回答教师提问，观看教师的实物演示，加深对知识点的理解。
【讲授新课】 **一、直流单臂电桥** 1. 直流单臂电桥的结构及工作原理 直流单臂电桥又称惠斯登电桥，是一种专门测量中电阻的精密测量仪器，R_X、R2、R3、R4分别组成电桥的四个臂，其中，R_X称为被测臂，R2、R3构成比例臂，R4称为比较臂。	提示：充分利用本教材提供的微视频，结合讲课内容和实训要求展开授课。	对新知识进行必要的记录。

教学过程与教学内容	教师活动	学生活动
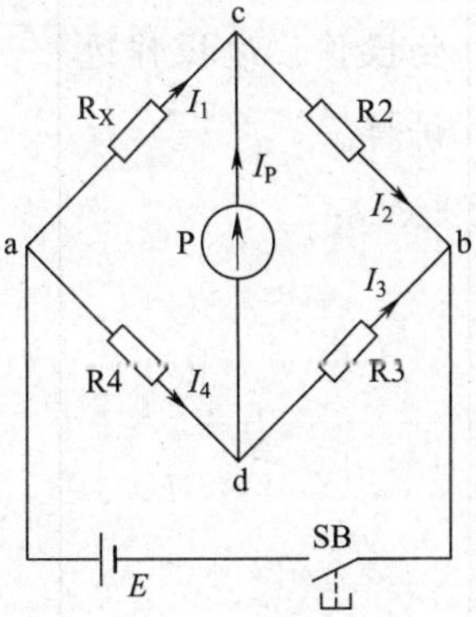 接通按钮开关 SB 后，调节标准电阻 R2、R3、R4，使检流计 P 的指示为零，即 $I_P=0$，这种状态称为电桥的平衡状态，这时 $$R_2R_4=R_XR_3$$ 上式称为电桥的平衡条件。它说明，电桥相对臂电阻的乘积相等时，电桥就处于平衡状态，检流计中的电流 $I_P=0$。 电桥平衡时，被测电阻 R_X = 比例臂倍率 × 比较臂读数。 2. 直流单臂电桥简介 QJ23 型直流单臂电桥是一种电工常用的比较式仪表。它的比例臂 R2、R3 由八个标准电阻组成，共分为七挡，挡位由转换开关 SA 换接。比例臂的读数盘设在面板左上方。比较臂 R4 由四个可调标准电阻组成，它们分别由面板上的四个读数盘控制，可设置 0 ~ 9 999 Ω 的任意阻值，最小步进值为 1 Ω。 面板上标有“R_X”的两个端钮被用来连接被测电阻。当使用外接电源时，可以从面板左上角标有“B”的两个端钮接入。 3. 直流单臂电桥的使用 （1）打开检流计机械锁扣，调节调零器，使检流计指针指在零位。	提示：可以通过复习电桥电路引出本节课内容。 提示：向学生展示实物和操作。 提示：可进行实	

教学过程与教学内容	教师活动	学生活动
（2）先用万用表估测被测电阻的阻值，选择适当的比例臂，使比例臂的四挡电阻都能被充分利用，以获得四位有效数字的读数。 （3）接入被测电阻时，应采用较粗、较短的导线来连接，并将接头拧紧。 （4）测量时应先按下电源按钮B，再按下检流计按钮G，使电桥电路接通。反复调节比较臂电阻，直至检流计指针指零。 （5）计算被测电阻阻值，即比例臂倍率 × 比较臂读数。 （6）先断开检流计按钮G，再断开电源按钮B，然后拆除被测电阻，使比较臂回到零位，最后锁上检流计的机械锁扣。	物操作，边操作边讲解。	
4. 直流单臂电桥的维护 （1）每次测量结束后，都应将仪表盒盖盖好，并将仪表存放于干燥、避光、无震动的场合。 （2）发现电池电压不足时应及时进行更换，否则将影响电桥的灵敏度。 （3）当采用外接电源时，必须注意电源的极性。将电源的正、负极分别接到“+”和“-”端，且不要使外接电源电压超过电桥说明书上的规定值，否则有可能烧坏桥臂电阻。 （4）因检流计属于精密仪表，在搬动电桥时应小心，做到轻拿轻放，否则易使检流计损坏。	提示：可进行实物操作，边操作边讲解。	
【课堂小结】		
带领学生围绕以下问题，对本节课所学内容进行小结。 1. 电桥的平衡状态和平衡条件是什么？ 2. QJ23 型直流单臂电桥的结构是怎样的？ 3. 简述 QJ23 型直流单臂电桥的使用方法。	简明扼要地回顾本节课所学的知识要点，突出本节课的知识重点和难点。（10 min 左右）	听讲，做笔记。有问题可以现场提问。

教学过程与教学内容	教师活动	学生活动
【课后作业】 习题册 P33 ~ 35　一、1 ~ 4　二、3 ~ 6 三、3 ~ 9　四、3 ~ 4	着重点评上节课作业共性的问题。发布本节课的作业，提醒学生需要注意之处。（5 min 左右）	对照自己的习题册，若有问题可以课后咨询。

<table>
<tr><th colspan="6">教案首页</th></tr>
<tr><td>序号</td><td>31</td><td>名称</td><td colspan="3">直流单臂电桥和直流
低电阻测试仪 2</td></tr>
<tr><td colspan="3">授课班级</td><td colspan="2">授课日期</td><td>授课时数</td></tr>
<tr><td colspan="3"></td><td colspan="2">年　月　日</td><td>2</td></tr>
<tr><td colspan="3"></td><td colspan="2">年　月　日</td><td>2</td></tr>
<tr><td>教学目标</td><td colspan="5">通过本节课的教学，使学生达到以下要求：
1. 熟悉直流低电阻测试仪的结构及工作原理。
2. 掌握直流低电阻测试仪的使用及维护方法。</td></tr>
<tr><td>教学重、难点及解决办法</td><td colspan="5">重　　点：1. 直流低电阻测试仪的结构及工作原理。
2. 直流低电阻测试仪的维护方法。
难　　点：直流低电阻测试仪的使用。
解决办法：首先讲清直流低电阻测试仪适用的场合，其次通过展示直流低电阻测试仪实物，介绍其按键功能、测试端口和使用方法，最后介绍直流低电阻测试仪的维护方法，提高学生的学习效果。</td></tr>
<tr><td>授课教具</td><td colspan="5">直流低电阻测试仪、多媒体教学设备。</td></tr>
<tr><td>授课方法</td><td colspan="5">讲授法，直观演示法，实物展示法。</td></tr>
<tr><td>教学思路和建议</td><td colspan="5">教师上课前需要准备直流低电阻测试仪，带进课堂，通过展示实物和直流单臂电桥作比较，讲清仪表结构、操作步骤，这样才能有更好的教学效果。</td></tr>
<tr><td>审批意见</td><td colspan="5">签字：
年　月　日</td></tr>
</table>

教学活动		
教学过程与教学内容	教师活动	学生活动
【课前准备】 1. 巡查教学环境。 2. 督促学生将手机关机，集中放入手机袋，统一保管。 3. 指导学生自查课堂学习材料的准备情况。 4. 发放习题册。 5. 考勤。	督促学生完成课前准备。（课前2 min内）	按要求完成课前准备。
【复习提问】 1. 电桥的平衡状态和平衡条件是什么？ 2. QJ23型直流单臂电桥的结构是怎样的？ 3. QJ23型直流单臂电桥的使用方法是什么？	提出问题，分别请3位学生作答。（5 min左右）	思考并回答问题。
【教学引入】 除电桥外，直流低电阻测试仪目前也较为常用。该测试仪的测试速度快，精度高，读数直观、清晰（LCD大字体），体积小，质量轻，可靠性强，适合在实验室、车间、工矿企业现场对直流低电阻做准确测量，可用于测量各种线圈电阻，检测各类分流器电阻等。	利用实物和PPT授课。（55 min左右） 提示：可以采用直观演示、提问等方式进行。	听讲，做笔记，回答教师提问，观看教师的实物演示，加深对知识点的理解。
【讲授新课】 **二、直流低电阻测试仪** 由于使用直流单臂电桥测量变压器绕组及大功率电感设备的直流电阻费时费力，直流低电阻测试仪便取而代之。 1. 直流低电阻测试仪的结构和工作原理 UT620A型直流低电阻测试仪前面板包括LCD显示屏、功能按键，顶部有测试连接端口，后面板包括电池盒等。 UT620A型直流低电阻测试仪采用四线测量技术，是专门用于测量直流低电阻的仪器，对各种线圈电阻的测量精度较高。 2. 按键功能和测试端口	提示：充分利用本教材提供的微视频，结合讲课内容和实训要求展开授课。	对新知识进行必要的记录。

教学过程与教学内容	教师活动	学生活动
UT620A 型直流低电阻测试仪的结构如教材图 5-2-5 所示，其功能说明见教材表 5-2-2。 3. LCD 显示屏 UT620A 型直流低电阻测试仪的 LCD 显示屏显示界面如教材图 5-2-6 所示，显示符号的含义见教材表 5-2-3。 4. 直流低电阻测试仪的使用 UT620A 型直流低电阻测试仪所用电池为充电电池，第一次使用时，必须保证已充电 10 h 以上。 UT620A 型直流低电阻测试仪测量电阻的方法如下： （1）将凯氏夹测试线（标配件）连接仪表的 T+、T- 端子，用有鳄鱼夹的一端连接被测电阻。 （2）在仪表进入待测界面后，将凯氏夹短接，按下“START/STOP”按键，当数据稳定后，按下“ZERO”按键，完成清零。 （3）将旋钮开关置于适当的挡位。 （4）按下“START/STOP”按键，开始测量。 （5）LCD 显示屏直接显示被测电阻的阻值，可以直接读数。 （6）在测量状态下，按下“SAVE”按键，即可完成一次数据的保存。在待测或测量状态下，按下“READ”按键，仪表即显示最后一条被保存的数据。在查看保存数据的过程中，短时按下“CLEAR”按键，当前显示的数据即被清除；长时按下“CLEAR”按键，则仪表显示是否清除全部数据的提示，再按下“CLEAR”按键，所有保存的数据即被清除。 （7）将选择开关置于“OFF”位置，拆除连接的测试线。	提示：可进行实物操作，边操作边讲解。	

教学过程与教学内容	教师活动	学生活动
5. 直流低电阻测试仪的维护 （1）直流低电阻测试仪属于精密仪表，应避免碰撞、重击及在潮湿、强电、磁场、油污和灰尘环境中使用。 （2）测试仪工作时，若 LCD 显示屏出现低电量符号，应及时插上电源适配器，以防止突然断电导致测试仪损坏或数据丢失。 （3）若长时间不使用测试仪，应将旋钮开关置于“OFF”位置，以防止电池电量耗尽，影响电池的使用寿命。	提示：可进行实物操作，边操作边讲解。	
【课堂小结】 带领学生围绕以下问题，对本节课所学内容进行小结。 1. 直流低电阻测试仪是测量什么的理想仪器？ 2. 直流低电阻测试仪采用四线测量技术，是专门用于测量什么的仪器？ 3. 直流低电阻测试仪的 LCD 显示屏显示的符号各有什么含义？ 4. 简述直流单臂电桥和直流低电阻测试仪两种仪表的特点分别是什么？	简明扼要地回顾本节课所学的知识要点，突出本节课的知识重点和难点。（10 min 左右）	听讲，做笔记。有问题可以现场提问。
【课后作业】 习题册 P33 ~ 35　一、5 ~ 6　二、1 ~ 2 三、1 ~ 2　四、1 ~ 2	着重点评上节课作业共性的问题。发布本节课的作业，提醒学生需要注意之处。（5 min 左右）	对照自己的习题册，若有问题可以课后咨询。

实训7　用直流单臂电桥和直流低电阻测试仪测量直流电阻

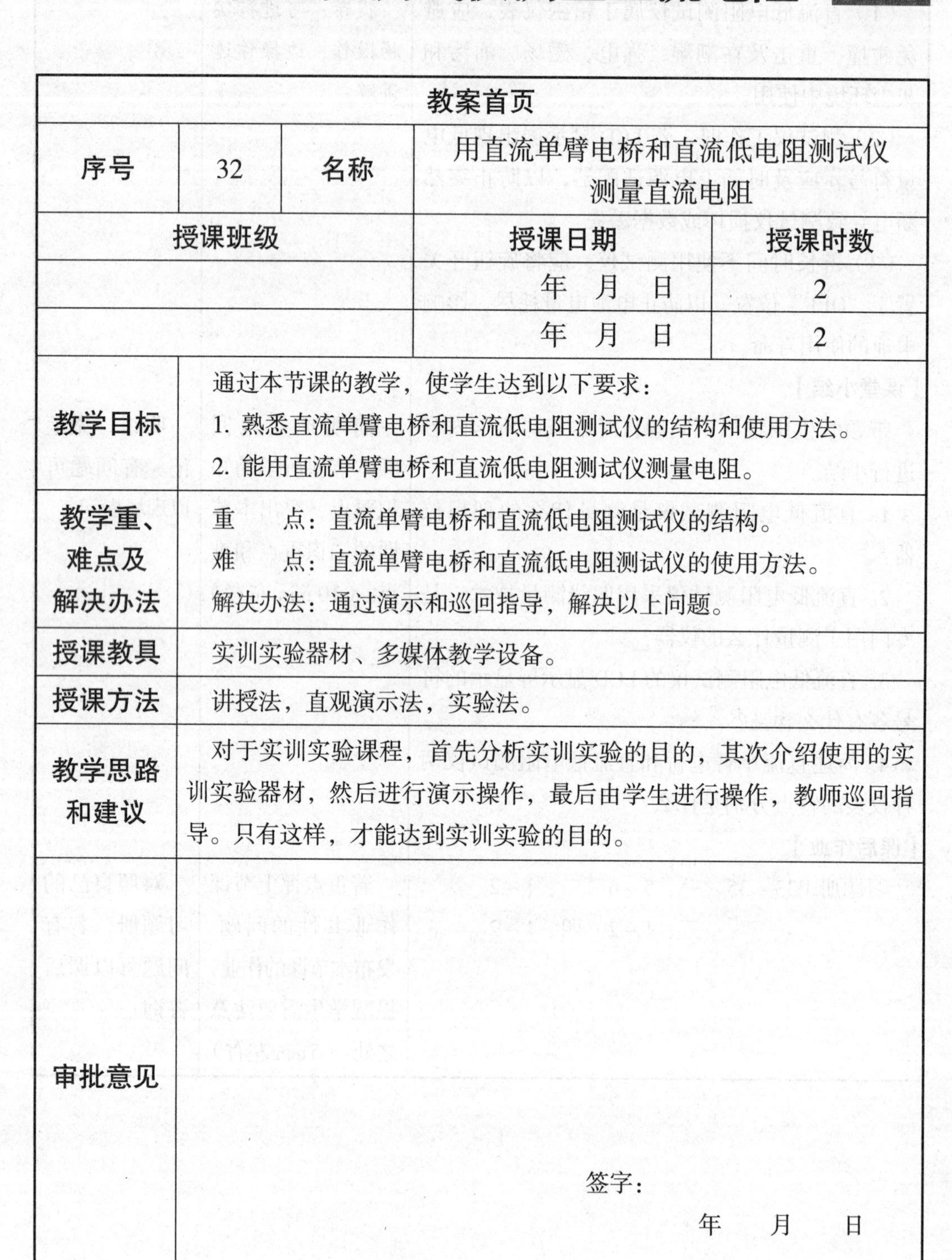

<table>
<tr><th colspan="6">教案首页</th></tr>
<tr><td>序号</td><td>32</td><td>名称</td><td colspan="3">用直流单臂电桥和直流低电阻测试仪测量直流电阻</td></tr>
<tr><td colspan="3">授课班级</td><td colspan="2">授课日期</td><td>授课时数</td></tr>
<tr><td colspan="3"></td><td colspan="2">年　月　日</td><td>2</td></tr>
<tr><td colspan="3"></td><td colspan="2">年　月　日</td><td>2</td></tr>
<tr><td>教学目标</td><td colspan="5">通过本节课的教学，使学生达到以下要求：
1. 熟悉直流单臂电桥和直流低电阻测试仪的结构和使用方法。
2. 能用直流单臂电桥和直流低电阻测试仪测量电阻。</td></tr>
<tr><td>教学重、难点及解决办法</td><td colspan="5">重　　点：直流单臂电桥和直流低电阻测试仪的结构。
难　　点：直流单臂电桥和直流低电阻测试仪的使用方法。
解决办法：通过演示和巡回指导，解决以上问题。</td></tr>
<tr><td>授课教具</td><td colspan="5">实训实验器材、多媒体教学设备。</td></tr>
<tr><td>授课方法</td><td colspan="5">讲授法，直观演示法，实验法。</td></tr>
<tr><td>教学思路和建议</td><td colspan="5">对于实训实验课程，首先分析实训实验的目的，其次介绍使用的实训实验器材，然后进行演示操作，最后由学生进行操作，教师巡回指导。只有这样，才能达到实训实验的目的。</td></tr>
<tr><td>审批意见</td><td colspan="5">签字：
年　　月　　日</td></tr>
</table>

教学活动		
教学过程与教学内容	教师活动	学生活动
【课前准备】 1. 巡查教学环境。 2. 督促学生将手机关机，集中放入手机袋，统一保管。 3. 指导学生自查课堂学习材料的准备情况。 4. 发放习题册。 5. 考勤。	督促学生完成课前准备。（课前 2 min 内）	按要求完成课前准备。
【复习提问】 1. 直流低电阻测试仪的 LCD 显示屏显示的符号各有什么含义？ 2. 简述直流单臂电桥和直流低电阻测试仪两种仪表的特点分别是什么？	提出问题，分别请2位学生作答。（5 min 左右）	思考并回答问题。
【教学引入】 现有 1 台三相笼型交流异步电动机和 1 台小型单相变压器，若我们需要知道它们的绕组阻值，应如何测量？利用所学的直流单臂电桥和直流低电阻测试仪，进一步掌握测量电阻的方法、步骤及注意事项。	利用实物和 PPT 授课。（55 min 左右）	听讲，做笔记，回答教师提问，观看教师的实物演示，加深对知识点的理解。
【讲授新课】 **一、实训内容及步骤** 1. 外观检查 2. 测量电阻阻值 在用万用表估测两个被测电阻 R1、R2 的阻值后，用直流单臂电桥和直流低电阻测试仪分别测量各被测电阻的阻值，并将测量结果填入教材表 5–2–5 中。 3. 测量电动机绕组电阻阻值 用万用表估测电动机绕组电阻的阻值后，用直流单臂电桥和直流低电阻测试仪分别测量其直流电阻，并将测量结果填入教材表 5–2–5 中。		

教学过程与教学内容	教师活动	学生活动
4. 测量单相变压器绕组电阻阻值 用万用表估测单相变压器绕组电阻的阻值后，用直流单臂电桥和直流低电阻测试仪分别测量其直流电阻，并将测量结果填入教材表5-2-5中。 5. 清理场地并归置物品 **二、实训测评** 根据教材表5-2-6中的评分标准对实训进行测评，并将评分结果填入表中。		
【课堂小结】 带领学生围绕以下问题，对本节课所学内容进行小结。 1. 简述直流单臂电桥和直流低电阻测试仪测量电阻阻值的方法和步骤。 2. 直流单臂电桥和直流低电阻测试仪测量电阻阻值的注意事项有哪些？	简明扼要地回顾本节课所学的知识要点，突出本节课的知识重点和难点。（10 min 左右）	听讲，做笔记。有问题可以现场提问。
【课后作业】 复习本次实训课的内容，简述直流单臂电桥和直流低电阻测试仪的使用注意事项。	着重点评上节课作业共性的问题。发布本节课的作业，提醒学生需要注意之处。（5 min 左右）	对照自己的习题册，若有问题可以课后咨询。

§5-3　兆欧表和绝缘电阻测试仪

<table>
<tr><th colspan="5">教案首页</th></tr>
<tr><td>序号</td><td>33</td><td>名称</td><td colspan="2">兆欧表和绝缘电阻测试仪 1</td></tr>
<tr><td colspan="3">授课班级</td><td>授课日期</td><td>授课时数</td></tr>
<tr><td colspan="3"></td><td>年　月　日</td><td>2</td></tr>
<tr><td colspan="3"></td><td>年　月　日</td><td>2</td></tr>
<tr><td>教学目标</td><td colspan="4">通过本节课的教学，使学生达到以下要求：
1. 熟悉兆欧表的结构及工作原理。
2. 掌握兆欧表的使用方法及使用注意事项。</td></tr>
<tr><td>教学重、难点及解决办法</td><td colspan="4">重　　点：1. 兆欧表的结构。
2. 兆欧表的使用注意事项。
难　　点：兆欧表的使用方法。
解决办法：讲授新课前，引导学生回忆，碰触电气设备时，有时会有轻微针刺的感觉，思考产生这种现象的原因，从而提出解决这个问题的方法，逐步引导学生思考兆欧表的作用、使用方法和使用注意事项。</td></tr>
<tr><td>授课教具</td><td colspan="4">兆欧表、多媒体教学设备。</td></tr>
<tr><td>授课方法</td><td colspan="4">讲授法，直观演示法，实物展示法。</td></tr>
<tr><td>教学思路和建议</td><td colspan="4">上课前需要准备兆欧表、电动机和变压器等，带进课堂，通过实物展示，讲清仪表结构、操作步骤，才能有更好的教学效果。</td></tr>
<tr><td>审批意见</td><td colspan="4">签字：
年　月　日</td></tr>
</table>

教学活动		
教学过程与教学内容	教师活动	学生活动
【课前准备】 1. 巡查教学环境。 2. 督促学生将手机关机，集中放入手机袋，统一保管。 3. 指导学生自查课堂学习材料的准备情况。 4. 考勤。	督促学生完成课前准备。（课前2 min内）	按要求完成课前准备。
【复习提问】 1. 如何确定直流单臂电桥的比例臂和比较臂？ 2. 电桥平衡的条件是什么？ 3. 直流低电阻测试仪的使用注意事项有哪些？	提出问题，分别请3位学生作答。（5 min左右）	思考并回答问题。
【教学引入】 在实际工作中，要测量电气设备绝缘性能的好坏，往往需要测量它的绝缘电阻。电气设备的绝缘电阻必须用本身就具有高压电源的仪表来测量，这类仪表主要有兆欧表和绝缘电阻测试仪。 为什么不能使用万用表测量电气设备的绝缘电阻呢？	利用实物和PPT授课。（55 min左右） 提示：可以采用直观演示、提问等方式进行。	听讲，做笔记，回答教师提问，观看教师的实物演示，加深对知识点的理解。
【讲授新课】 **一、兆欧表** 1. 兆欧表的结构 兆欧表是一种专门用于测量电气设备绝缘电阻的便携式仪表。一般的兆欧表主要由手摇直流发电机、磁电系比率表以及测量线路组成。手摇直流发电机的额定电压主要有500 V、1 000 V、2 500 V等几种。 手摇直流发电机上装有离心调速装置，它能使转子恒速转动。	提示：充分利用本教材提供的微视频，结合讲课内容和实训要求展开授课。 提示：可进行实物展示。	对新知识进行必要的记录。

教学过程与教学内容	教师活动	学生活动
2. 兆欧表的工作原理 使用兆欧表时，被测电阻 R_X 接在线路接线柱 L 与接地接线柱 E 两端钮之间。摇动直流发电机的手柄，发电机两端产生较高的直流电压，线圈 1 和线圈 2 同时通电。 通过线圈 1 的电流 I_1 与气隙磁场相互作用产生转动力矩 M_1；通过线圈 2 的电流 I_2 也与气隙磁场相互作用产生反作用力矩 M_2，转动力矩 M_1 与反作用力矩 M_2 方向相反。因为气隙磁场是不均匀的，所以转动力矩 M_1 的数值不仅与通过线圈 1 的电流 I_1 成正比，还与线圈 1 所处的位置（用指针偏转角 α 表示）有关。兆欧表指针偏转角 α 只取决于两个线圈电流的比值。 兆欧表的标度尺为反向刻度，且不均匀。 3. 常用的兆欧表 ZC25 型携带式兆欧表为较常用的兆欧表，它适用于测量各种电机、电缆、变压器、电气元器件、家用电器和其他电气设备的绝缘电阻。	提示：将其与万用表的电阻刻度尺作比较。	
4. 用兆欧表测量绝缘电阻的方法 （1）选择兆欧表。一是兆欧表的额定电压一定要与被测电气设备或线路的工作电压相适应，二是兆欧表的测量范围要与被测绝缘电阻的范围相符合，以免引起大的读数误差。 （2）兆欧表有三个接线柱，分别标有字母 L（线路）、E（接地）和 G（屏蔽），使用时应按测量对象的不同来选用。 （3）在兆欧表未接被测电阻前，摇动手柄使发电机达到 120 r/min 的额定转速，观察指针是否指在标度尺的“∞”位置。 （4）在兆欧表未接被测电阻前，将线路接线柱 L 和接地接线柱 E 短接，缓慢摇动手柄，观察指针是否指在标度尺的“0”位置。	提示：可进行实物操作，边操作边讲解。	

教学过程与教学内容	教师活动	学生活动
（5）兆欧表在使用时应被放在平稳、牢固的地方，且远离大电流导体和磁场。摇动手柄时其接线柱间不允许短路。 （6）读数完毕，停止摇动手柄，拆除测试线，将被测设备放电。 5. 兆欧表的使用注意事项		
【课堂小结】 带领学生围绕以下问题，对本节课所学内容进行小结。 1. 为什么要检测电气设备的绝缘电阻？ 2. 为什么不能使用万用表测量电气设备的绝缘电阻？ 3. 简述兆欧表测量绝缘电阻的步骤。	简明扼要地回顾本节课所学的知识要点，突出本节课的知识重点和难点。（10 min 左右）	听讲，做笔记。有问题可以现场提问。
【课后作业】 习题册 P36 ~ 37　一、1 ~ 6　二、2 ~ 5 三、2 ~ 8　四、1	发布本节课的作业，提醒学生需要注意之处。（5 min 左右）	对照自己的习题册，若有问题可以课后咨询。

<table>
<tr><td colspan="5">教案首页</td></tr>
<tr><td>序号</td><td>34</td><td>名称</td><td colspan="2">兆欧表和绝缘电阻测试仪 2</td></tr>
<tr><td colspan="3">授课班级</td><td>授课日期</td><td>授课时数</td></tr>
<tr><td colspan="3"></td><td>年　月　日</td><td>2</td></tr>
<tr><td colspan="3"></td><td>年　月　日</td><td>2</td></tr>
<tr><td>教学目标</td><td colspan="4">通过本节课的教学，使学生达到以下要求：
1. 熟悉绝缘电阻测试仪的结构及工作原理。
2. 掌握绝缘电阻测试仪的使用方法及使用注意事项。
3. 了解电气设备绝缘电阻的标准。</td></tr>
<tr><td>教学重、难点及解决办法</td><td colspan="4">重　　点：1. 绝缘电阻测试仪的结构。
2. 绝缘电阻测试仪的使用注意事项。
难　　点：绝缘电阻测试仪的使用方法。
解决办法：讲授新课前，复习兆欧表的使用方法，让学生知道测量绝缘电阻的重要性。再从数字仪表发展的知识点引出对绝缘电阻测试仪的使用方法和使用注意事项的讲解。</td></tr>
<tr><td>授课教具</td><td colspan="4">绝缘电阻测试仪、多媒体教学设备。</td></tr>
<tr><td>授课方法</td><td colspan="4">讲授法，直观演示法，实物展示法。</td></tr>
<tr><td>教学思路和建议</td><td colspan="4">上课前需要准备绝缘电阻测试仪，带进课堂，通过实物展示，与兆欧表作比较，讲清仪表结构和操作步骤，才能有更好的教学效果。</td></tr>
<tr><td>审批意见</td><td colspan="4">签字：
年　　月　　日</td></tr>
</table>

教学活动		
教学过程与教学内容	教师活动	学生活动
【课前准备】 1. 巡查教学环境。 2. 督促学生将手机关机，集中放入手机袋，统一保管。 3. 指导学生自查课堂学习材料的准备情况。 4. 发放习题册。 5. 考勤。	督促学生完成课前准备。（课前2 min内）	按要求完成课前准备。
【复习提问】 1. 为什么要检测电气设备的绝缘电阻？ 2. 为什么不能使用万用表测量电气设备的绝缘电阻？ 3. 简述兆欧表测量绝缘电阻的步骤。	提出问题，分别请3位学生作答。（5 min左右）	思考并回答问题。
【教学引入】 在实际工作中，电气设备的绝缘电阻必须用本身就具有高压电源的仪表去测量，随着数字仪表的发展，绝缘电阻测试仪的使用场合越来越多。	利用实物和PPT授课。（55 min左右） 提示：可以采用直观演示、提问等方式进行。	听讲，做笔记，回答教师提问，观看教师的实物演示，加深对知识点的理解。
【讲授新课】 二、绝缘电阻测试仪 1. 绝缘电阻测试仪的结构和工作原理 绝缘电阻测试仪主要被用于测量电气设备、家用电器或电气线路对地及相间的绝缘电阻，以保证这些设备、电器和线路工作在正常状态，避免发生触电伤亡及设备损坏等事故。 UT501A型绝缘电阻测试仪是一款智能微型仪器，它集成了绝缘电阻、交流电压、低电阻等参数测量功能，适用于测量变压器、电动机、电缆、开关等各种电气设备及绝缘材料的绝缘电阻，是对各种电气设备进行维修保养、试验检定的理想仪表。	提示：充分利用本教材提供的微视频，结合讲课内容和实训要求展开授课。	对新知识进行必要的记录。

教学过程与教学内容	教师活动	学生活动
绝缘电阻测试仪由机内电池作为电源，经DC/DC变换产生一个直流高电压，由“LINE”极输出，经被测电气设备到达“EARTH”极，从而产生一个电流，再经过I/V变换器、除法器等的运算，它将被测的绝缘电阻阻值通过LCD显示屏进行显示。 2. LCD显示屏 UT501A型绝缘电阻测试仪LCD显示屏的显示界面如教材图5-3-7所示。 3. 绝缘电阻测试仪的使用 （1）使用前的准备 在测量绝缘电阻前，待测电路必须断电并完全放电，且与其他电路完全隔离。若LCD显示屏的电池电量符号为低电量符号，表示电量将要耗尽，不要使用该仪表。 （2）绝缘电阻的测量 1）按要求连接测试电路。在测试时，由于测试仪有危险电压输出，应待手离开测试夹后，再按“TEST”按键。 2）根据被测电气设备的电压等级，合理选择1 000/500/250/100 V电压挡位。 3）按下“TEST”按键，此键自锁进行连续测量，输出绝缘电阻测试电压，同时测试灯发出红色警告。测试完毕后，再次按下“TEST”按键，解除自锁，停止测量。 4）此时，LCD显示屏显示的数值就是被测绝缘电阻的阻值，可以直接读数。 5）断开测试线与被测电路的连接，关闭测试仪电源，并从测试仪输入端拆除测试线。 4. 绝缘电阻测试仪的使用注意事项 **三、电气设备绝缘电阻标准** 绝缘电阻是电气设备和电气线路最基本的绝缘	提示：可进行实物展示和操作。 提示：将其使用注意事项和兆欧表作对比，指出其中	

教学过程与教学内容	教师活动	学生活动
指标。 常温下，电动机、配电设备和配电线路的绝缘电阻不应低于 0.5 MΩ（对于运行中的设备和线路，绝缘电阻不应低于 1 MΩ/kV）；低压电器及其连接电缆和二次回路的绝缘电阻一般不应低于 1 MΩ，在比较潮湿的环境中不应低于 0.5 MΩ；手持电动工具的绝缘电阻不应低于 2 MΩ。 在一般的低压线路（400 V 等级及以下）中，新敷设线路的绝缘电阻应不低于 0.5 MΩ（线与线、线与地之间）；运行中的设备、线路之间和对地的绝缘电阻应不低于 1 MΩ/kV（1 kΩ/V）。	的异同点。 提示：提醒学生将常用的数据牢记在心。	
【课堂小结】 带领学生围绕以下问题，对本节课所学内容进行小结。 1. UT501A 型绝缘电阻测试仪的作用是什么？可测量哪些参数？ 2. 绝缘电阻测试仪使用前的准备工作有哪些？ 3. 简述绝缘电阻测试仪的使用方法和步骤。	简明扼要地回顾本节课所学的知识要点，突出本节课的知识重点和难点。（10 min 左右）	听讲，做笔记。有问题可以现场提问。
【课后作业】 习题册 P36 ~ 37　一、7　二、1 三、1　四、2	着重点评上节课作业共性的问题。发布本节课的作业，提醒学生需要注意之处。（5 min 左右）	对照自己的习题册，若有问题可以课后咨询。

实训8　用兆欧表和绝缘电阻测试仪测量绝缘电阻

<table>
<tr><th colspan="6">教案首页</th></tr>
<tr><td>序号</td><td>35</td><td>名称</td><td colspan="3">用兆欧表和绝缘电阻测试仪测量绝缘电阻</td></tr>
<tr><td colspan="4">授课班级</td><td>授课日期</td><td>授课时数</td></tr>
<tr><td colspan="4"></td><td>年　月　日</td><td>2</td></tr>
<tr><td colspan="4"></td><td>年　月　日</td><td>2</td></tr>
<tr><td>教学目标</td><td colspan="5">通过本节课的教学，使学生达到以下要求：
1. 熟悉兆欧表和绝缘电阻测试仪的结构和使用方法。
2. 能用兆欧表和绝缘电阻测试仪测量电气设备的绝缘电阻。
3. 能正确判断电气设备的绝缘情况。</td></tr>
<tr><td>教学重、难点及解决办法</td><td colspan="5">重　　点：兆欧表和绝缘电阻测试仪的使用方法。
难　　点：1. 用兆欧表和绝缘电阻测试仪测量电气设备的绝缘电阻。
2. 判断电气设备的绝缘情况。
解决办法：通过演示和巡回指导，解决以上问题。</td></tr>
<tr><td>授课教具</td><td colspan="5">实训实验器材、多媒体教学设备。</td></tr>
<tr><td>授课方法</td><td colspan="5">讲授法，直观演示法，实验法。</td></tr>
<tr><td>教学思路和建议</td><td colspan="5">对于实训实验课程，首先分析实训实验的目的，其次介绍使用的实训实验器材，然后进行演示操作，最后由学生进行操作，教师巡回指导。只有这样，才能达到实训实验的目的。</td></tr>
<tr><td>审批意见</td><td colspan="5">签字：
年　月　日</td></tr>
</table>

<table>
<tr><th colspan="3">教学活动</th></tr>
<tr><th>教学过程与教学内容</th><th>教师活动</th><th>学生活动</th></tr>
<tr><td>【课前准备】
1. 巡查教学环境。
2. 督促学生将手机关机，集中放入手机袋，统一保管。
3. 指导学生自查课堂学习材料的准备情况。
4. 发放习题册。
5. 考勤。</td><td>督促学生完成课前准备。（课前 2 min 内）</td><td>按要求完成课前准备。</td></tr>
<tr><td>【复习提问】
1. 兆欧表和绝缘电阻测试仪使用前的准备工作有哪些?
2. 简述兆欧表和绝缘电阻测试仪的使用方法和步骤。</td><td>提出问题，分别请 2 位学生作答。（5 min 左右）</td><td>思考并回答问题。</td></tr>
<tr><td>【教学引入】
实地判断电动机和变压器能否正常使用时，其绝缘电阻是重要的依据之一。现在我们使用兆欧表和绝缘电阻测试仪，测量电动机和变压器的绝缘电阻，并掌握两种仪器的使用方法。
【讲授新课】
一、实训内容及步骤
1. 外观检查
2. 测量三相交流异步电动机的绝缘电阻
（1）对三相交流异步电动机进行停电、验电处理。正在运行的电动机应先停电，用验电笔确认无电后，再进行测量。
（2）打开电动机接线盒盖，测量三相定子绕组间的绝缘电阻。分别测量 U/V 相、V/W 相、W/U 相之间的绝缘电阻，共需测量三次，将测量结果填入教材表 5–3–6 中。
（3）测量绕组对金属外壳的绝缘电阻。分别测量 U、V、W 三相绕组对金属外壳的绝缘电阻，共需测量三次，将测量结果填入教材表 5–3–6 中。</td><td>利用实物和 PPT 授课。（55 min 左右）

提示：可对关键步骤进行演示操作。</td><td>听讲，做笔记，回答教师提问，观看教师的实物演示，加深对知识点的理解。
对新知识进行必要的记录。</td></tr>
</table>

教学过程与教学内容	教师活动	学生活动
（4）测量完毕，装好电动机接线盒盖。整理测量现场，恢复三相交流异步电动机的运行。 3. 测量单相变压器的绝缘电阻 （1）对单相变压器进行停电、验电处理。 （2）拆除单相变压器 、二次侧的线路，测量绕组间的绝缘电阻。测量单相变压器的绝缘电阻，包括一次侧 / 二次侧、一次侧 / 金属外壳、二次侧 / 金属外壳之间的绝缘电阻，共需要测量三次，将测量结果填入教材表 5-3-7 中。 （3）测量完毕，装好单相变压器的线路。整理测量现场，恢复单相变压器的运行。 4. 清理场地并归置物品 **二、实训注意事项** 1. 使用兆欧表前，必须进行开路检查和短路检查，检查的结果必须符合相关要求，否则不可以使用。 2. 在使用绝缘电阻测试仪的过程中，因“LINE”端口和“EARTH”端口之间输出的电压较高，两根表笔不可碰触，以免损坏绝缘电阻测试仪。 3. 一定要检查电路连接是否正确，并经实训指导教师同意后方能进行通电实训。 **三、实训测评** 根据教材表 5-3-8 中的评分标准对实训进行测评，并将评分结果填入表中。		
【课堂小结】 带领学生围绕以下问题，对本节课所学内容进行小结。 1. 简述用兆欧表和绝缘电阻测试仪测量绝缘电阻的方法和步骤。 2. 用兆欧表和绝缘电阻测试仪测量绝缘电阻的注意事项有哪些？	简明扼要地回顾本节课所学的知识要点，突出本节课的知识重点和难点。（10 min 左右）	听讲，做笔记。有问题可以现场提问。

教学过程与教学内容	教师活动	学生活动
【课后作业】 复习本次实训课的内容，简述兆欧表和绝缘电阻测试仪的使用注意事项。	着重点评上节课作业共性的问题。发布本节课的作业，提醒学生需要注意之处。（5 min 左右）	对照自己的习题册，若有问题可以课后咨询。

§5-4　接地电阻测试仪

<table>
<tr><td colspan="5">教案首页</td></tr>
<tr><td>序号</td><td>36</td><td>名称</td><td colspan="2">接地电阻测试仪 1</td></tr>
<tr><td colspan="3">授课班级</td><td>授课日期</td><td>授课时数</td></tr>
<tr><td colspan="3"></td><td>年　月　日</td><td>2</td></tr>
<tr><td colspan="3"></td><td>年　月　日</td><td>2</td></tr>
<tr><td>教学目标</td><td colspan="4">通过本节课的教学，使学生达到以下要求：
1. 熟悉接地电阻测试仪的作用及结构。
2. 掌握接地电阻测试仪的使用方法和使用注意事项。</td></tr>
<tr><td>教学重、难点及解决办法</td><td colspan="4">重　　点：接地电阻测试仪的作用及结构。
难　　点：接地电阻测试仪的使用方法和使用注意事项。
解决办法：首先讲清楚什么是接地、为什么要接地、如何接地，其次讲清楚在生活中什么地方会用到接地，最后介绍判断接地是否符合要求的仪表即接地电阻测试仪。只有这样引导学生带着疑问去学习、去探究，才能解决以上问题。</td></tr>
<tr><td>授课教具</td><td colspan="4">接地电阻测试仪、多媒体教学设备。</td></tr>
<tr><td>授课方法</td><td colspan="4">讲授法，直观演示法，实物展示法。</td></tr>
<tr><td>教学思路和建议</td><td colspan="4">上课前需要准备接地电阻测试仪，带进课堂，通过实物展示，讲清仪表结构、操作步骤，才能有更好的教学效果。</td></tr>
<tr><td>审批意见</td><td colspan="4">签字：
年　月　日</td></tr>
</table>

教学活动		
教学过程与教学内容	教师活动	学生活动
【课前准备】 1. 巡查教学环境。 2. 督促学生将手机关机，集中放入手机袋，统一保管。 3. 指导学生自查课堂学习材料的准备情况。 4. 考勤。	督促学生完成课前准备。（课前2 min内）	按要求完成课前准备。
【复习提问】 1. 简述兆欧表和绝缘电阻测试仪测量绝缘电阻的方法和步骤。 2. 兆欧表和绝缘电阻测试仪测量绝缘电阻的注意事项有哪些？	提出问题，分别请2位学生作答。（5 min左右）	思考并回答问题。
【教学引入】 电气设备接地的目的是保证人身和设备的安全，以及设备的正常运行。如果接地电阻不符合要求，不但安全得不到保证，还可能会造成严重的事故。因此，定期测量接地装置的接地电阻是安全用电的保障。 接地电阻测试仪就是测量接地电阻的专用仪表。	利用实物和PPT授课。（55 min左右）	听讲，做笔记，回答教师提问，观看教师的实物演示，加深对知识点的理解。
【讲授新课】 为了保证电气设备的安全和正常运行，电气设备的某些导电部分应与接地体用接地线进行连接，称为接地。 接地装置的接地电阻包括接地线电阻、接地体电阻、接地体与土壤的接触电阻，以及接地体与零电位（大地）之间的土壤电阻。 实际上，由于接地线和接地体的电阻都很小，接地电阻的大小主要和接地体与大地的接触面积及接触是否良好有关，另外还与土壤的性质及湿度有关。	提示：可以采用直观演示、提问等方式进行。 提示：充分利用本教材提供的微视频，结合讲课内容和实训要求展开授课。	对新知识进行必要的记录。

教学过程与教学内容	教师活动	学生活动
接地电阻测试仪又称接地摇表、接地电阻表。目前，传统的手摇式接地电阻测试仪几乎已无人使用，比较普及的是数字式接地电阻测试仪，在电力系统中用得较多的是钳形接地电阻测试仪。 **一、数字式接地电阻测试仪** 1. 数字式接地电阻测试仪的结构		
UT522 型接地电阻测试仪是测量接地电阻的常用仪表，也是电气安全检查与接地工程竣工验收时不可缺少的工具。它摒弃了传统的人工手摇发电工作方式，采用大规模集成电路，应用 DC/AC 变换技术，可做精密的三线式测量，也可做简易的二线式测量。 UT522 型接地电阻测试仪的前面板包括 LCD 显示屏、功能按键、测试连接端口等，常用辅件有标准测试线、简易测试线和辅助接地钉等。 2. LCD 显示屏 UT522 型接地电阻测试仪 LCD 显示屏的显示界面如教材图 5-4-3 所示。 3. 数字式接地电阻测试仪的使用 （1）使用前的准备	提示：可进行实物展示。	
将旋钮开关置于接地电压挡或接地电阻挡，若 LCD 显示屏上显示的电池电量符号为低电量符号，表示电池处于低电量状态，需更换电池。测量前应确认测试线插头已完全插入测试端，若连接不牢固将影响测量结果的准确度。	提示：可进行实物操作，边操作边讲解。	
（2）接地电阻的测量 1）按要求将测试线插头插入相应测试端。 2）使用标准测试线测量时，将 P 端和 C 端辅助接地钉打到地深处，使其与待测设备排列成一条直线，且彼此间隔 5 ~ 10 m。	提示：可通过图片、视频等方式进行演示。	

教学过程与教学内容	教师活动	学生活动
3）将旋钮开关旋至接地电压挡，LCD 显示屏显示接地电压测试状态；将测试线插入 V 端和 E 端（其他测试端不要插测试线），再接上待测点，LCD 显示屏将显示接地电压的测量值。 4）将旋钮开关旋至接地电阻 4 000 Ω 挡，按“TEST”按键测试，LCD 显示屏显示接地电阻阻值。 5）使用简易测试线测量时，将 P 端和 C 端测试线连接供电线路公共地端，E 端测试线连接被测接地体，然后调整读数。 6）关闭电源，拆除测试线。 4. 数字式接地电阻测试仪的使用注意事项 （1）存放和保管数字式接地电阻测试仪时，应注意环境温度，应将测试仪放在干燥通风处，避免其受潮或接触酸碱及腐蚀性气体。 （2）测量保护接地电阻时，一定要断开电气设备与电源的连接点。在测量小于 1 Ω 的接地电阻时，应分别将其用专用导线连在接地体上。 （3）测量接地电阻时最好反复在不同的方向测量 3 ~ 4 次，取其平均值。 （4）在开机状态下若按键和旋钮开关无动作，约 10 min 后接地电阻测试仪会自动关机，以节省电量（接地电阻挡测试状态除外）。		
【课堂小结】 带领学生围绕以下问题，对本节课所学内容进行小结。 1. 什么是接地？接地电阻包含哪些？ 2. 数字式接地电阻测试仪的特点有哪些？ 3. 简述数字式接地电阻测试仪的使用方法和步骤。	简明扼要地回顾本节课所学的知识要点，突出本节课的知识重点和难点。（10 min 左右）	听讲，做笔记。有问题可以现场提问。

教学过程与教学内容	教师活动	学生活动
【课后作业】 习题册 P38 ~ 39　一、1 ~ 4　二、1 ~ 3 三、1 ~ 3　四、1 ~ 2	发布本节课的作业，提醒学生需要注意之处。（5 min 左右）	对照自己的习题册，若有问题可以课后咨询。

<table>
<tr><td colspan="6">教案首页</td></tr>
<tr><td>序号</td><td>37</td><td>名称</td><td colspan="3">接地电阻测试仪 2</td></tr>
<tr><td colspan="3">授课班级</td><td colspan="2">授课日期</td><td>授课时数</td></tr>
<tr><td colspan="3"></td><td colspan="2">年　月　日</td><td>2</td></tr>
<tr><td colspan="3"></td><td colspan="2">年　月　日</td><td>2</td></tr>
<tr><td>教学目标</td><td colspan="5">通过本节课的教学，使学生达到以下要求：
1. 熟悉钳形接地电阻测试仪的作用及结构。
2. 掌握钳形接地电阻测试仪的使用方法和使用注意事项。
3. 了解电气设备接地电阻的标准。</td></tr>
<tr><td>教学重、难点及解决办法</td><td colspan="5">重　点：1. 钳形接地电阻测试仪的作用及结构。
2. 电气设备接地电阻的标准。
难　点：钳形接地电阻测试仪的使用方法和使用注意事项。
解决办法：和上节课的接地电阻测试仪相比较，总结出钳形接地电阻测试仪的特点，了解其作用，讲清楚其使用方法，这样才能解决难点问题。</td></tr>
<tr><td>授课教具</td><td colspan="5">钳形接地电阻测试仪、多媒体教学设备。</td></tr>
<tr><td>授课方法</td><td colspan="5">讲授法，直观演示法，实物展示法。</td></tr>
<tr><td>教学思路和建议</td><td colspan="5">上课前需要准备钳形接地电阻测试仪，带进课堂，通过实物展示，和接地电阻测试仪作比较，讲清仪表结构、操作步骤，才能有更好的教学效果。</td></tr>
<tr><td>审批意见</td><td colspan="5">签字：
年　月　日</td></tr>
</table>

教学活动		
教学过程与教学内容	**教师活动**	**学生活动**
【课前准备】 1. 巡查教学环境。 2. 督促学生将手机关机，集中放入手机袋，统一保管。 3. 指导学生自查课堂学习材料的准备情况。 4. 发放习题册。 5. 考勤。	督促学生完成课前准备。（课前2 min内）	按要求完成课前准备。
【复习提问】 1. 什么是接地？接地电阻包含哪些？ 2. 数字式接地电阻测试仪的特点有哪些？ 3. 简述数字式接地电阻测试仪的使用方法和步骤。	提出问题，分别请3位学生作答。（5 min左右）	思考并回答问题。
【教学引入】 钳形接地电阻测试仪是对传统接地电阻测量技术的突破。使用钳形接地电阻测试仪测量有回路的接地系统时，不需要断开接地引下线，不需要辅助电极，安全快捷，使用方便。此外，使用钳形接地电阻测试仪能够检测出接地故障。	利用实物和PPT授课。（60 min左右）	听讲，做笔记，回答教师提问，观看教师的实物演示，加深对知识点的理解。
【讲授新课】 **二、钳形接地电阻测试仪** 1. 钳形接地电阻测试仪的结构 UT275型钳形接地电阻测试仪在测量有回路的接地系统时，只需要钳住待测接地回路，就能安全、快速地测量出接地电阻。 UT275型钳形接地电阻测试仪前面板有LCD显示屏和功能按键，侧面有钳口扳机，后面板有电池盒等。 2. LCD显示屏 UT275型钳形接地电阻测试仪LCD显示屏的显示界面如教材图5-4-5所示。 3. 钳形接地电阻测试仪的使用	提示：可以采用直观演示、提问等方式进行。 提示：充分利用本教材提供的微视频，结合讲课内容和实训要求展开授课。	对新知识进行必要的记录。

教学过程与教学内容	教师活动	学生活动
（1）电池电压的检查 （2）接地电阻的测量 1）开机前，扣压钳口扳机2次，确保钳口闭合良好。长按“POWER”按键3 s，进入开机状态。等待自检完成，可进行接地电阻测量。 2）在测量前，可以使用配备的测试环检验测试仪，其显示值与测试环上的标称值（10 Ω）接近即可。 3）多点接地系统通过架空地线连接，测量时LCD显示屏可直接读数。 4）有限点接地系统没有通过架空地线全部连接，测量结果必须通过解算程序软件，输入相应的数据后得到。 5）测量单点接地系统接地电阻时，应在被测接地体 R_A 附近找一个独立的接地良好的接地体 R_B，将 R_A 和 R_B 用一根测试线连接，此时测试仪测得的电阻值为 $R=R_A+R_B+R_{线}$，如果 R 小于允许值，那么这两个接地体的接地电阻都是合格的。 6）测量完毕，按“POWER”按键，测试仪关机，或者测试仪在到达自动关机时间后，LCD显示屏进入闪烁状态，持续30 s后自动关机。 4. 钳形接地电阻测试仪的使用注意事项 （1）在测量接地电阻或电流的过程中，不要扣压钳口扳机，不能张开钳口，不能钳住任何导线。 （2）钳形接地电阻测试仪在自检完成后，LCD显示屏若未出现“OL Ω”，而是显示一个较大的阻值，如810 Ω，但用测试环检测仍显示正常，这说明该测试仪在测量大阻值（>100 Ω）时有较大误差，而在测量小阻值时仍保持原有的准确度，可以继续使用。	提示：可进行实物操作，边操作边讲解。 提示：提醒学生牢记常用的接地电阻值。	

<table>
<tr><th>教学过程与教学内容</th><th>教师活动</th><th>学生活动</th></tr>
<tr><td>（3）使用测试环检验时，LCD显示屏显示值与测试环上的标称值接近即可。
（4）一般输电线路杆塔接地构成的多点接地系统可以直接使用该测试仪测量。
（5）在变压器中性点接地电阻的测量中，如果有重复接地，则构成多点接地系统，如果无重复接地，则是单点接地系统。
（6）测量点的选择很关键，同一根接地体，因为测量点不同，会得到不同的测量结果。
三、电气设备接地电阻的标准
电气设备接地电阻的标准见教材表5-4-7。</td><td>提示：提醒学生牢记常用的接地电阻阻值。</td><td></td></tr>
<tr><td>【课堂小结】
带领学生围绕以下问题，对本节课所学内容进行小结。
1. 钳形接地电阻测试仪的特点有哪些？
2. 钳形接地电阻测试仪的使用方法是什么？
3. 简述钳形接地电阻测试仪的使用注意事项。</td><td>简明扼要地回顾本节课所学的知识要点，突出本节课的知识重点和难点。（10 min左右）</td><td>听讲，做笔记。有问题可以现场提问。</td></tr>
<tr><td>【课后作业】
习题册P38～39　一、5～6　二、4
三、4　四、3～5</td><td>着重点评上节课作业共性的问题。发布本节课的作业，提醒学生需要注意之处。（5 min左右）</td><td>对照自己的习题册，若有问题可以课后咨询。</td></tr>
</table>

实训 9 用接地电阻测试仪测量接地装置的接地电阻

<table>
<tr><td colspan="5">教案首页</td></tr>
<tr><td>序号</td><td>38</td><td>名称</td><td colspan="2">用接地电阻测试仪测量
接地装置的接地电阻</td></tr>
<tr><td colspan="3">授课班级</td><td>授课日期</td><td>授课时数</td></tr>
<tr><td colspan="3"></td><td>年　月　日</td><td>2</td></tr>
<tr><td colspan="3"></td><td>年　月　日</td><td>2</td></tr>
<tr><td>教学目标</td><td colspan="4">通过本节课的教学，使学生达到以下要求：
1. 熟悉接地电阻测试仪的结构和使用方法。
2. 能用接地电阻测试仪测量接地装置的接地电阻。</td></tr>
<tr><td>教学重、难点及解决办法</td><td colspan="4">重　　点：接地电阻测试仪的使用方法。
难　　点：接地电阻测试仪测量接地装置的接地电阻。
解决办法：通过演示和巡回指导，解读电气设备接地装置和接地电阻的标准，示范仪表的操作，解决以上问题。</td></tr>
<tr><td>授课教具</td><td colspan="4">实训实验器材、多媒体教学设备。</td></tr>
<tr><td>授课方法</td><td colspan="4">讲授法，直观演示法，实验法。</td></tr>
<tr><td>教学思路和建议</td><td colspan="4">对于实训实验课程，首先分析实训实验的目的，其次介绍使用的实训实验器材，然后进行演示操作，最后由学生进行操作，教师巡回指导。只有这样，才能达到实训实验的目的。</td></tr>
<tr><td>审批意见</td><td colspan="4">签字：
年　　月　　日</td></tr>
</table>

教学活动		
教学过程与教学内容	教师活动	学生活动
【课前准备】 1. 巡查教学环境。 2. 督促学生将手机关机，集中放入手机袋，统一保管。 3. 指导学生自查课堂学习材料的准备情况。 4. 发放习题册。 5. 考勤。	督促学生完成课前准备。（课前2 min内）	按要求完成课前准备。
【复习提问】 1. 什么是接地？接地电阻包含哪些？ 2. 数字式接地电阻测试仪和钳形接地电阻测试仪的特点有哪些？ 3. 简述数字式接地电阻测试仪和钳形接地电阻测试仪的使用注意事项。	提出问题，分别请3位学生作答。（5 min左右）	思考并回答问题。
【教学引入】 接地线和接地体都采用金属导体制成，统称为接地装置。接地装置的接地电阻包括接地线电阻、接地体电阻、接地体与土壤的接触电阻，以及接地体与零电位（大地）之间的土壤电阻。	利用实物和PPT授课。（55 min左右）	听讲，做笔记，回答教师提问，观看教师的实物演示，加深对知识点的理解。
【讲授新课】 一、实训内容及步骤 1. 外观检查 2. 接地装置的处理 对被测的接地装置进行切断处理。将待测接地极与其他接地装置临时断开，并用砂纸除去接地极上的锈迹、污物。		对新知识进行必要的记录。
3. 使用数字式接地电阻测试仪测量接地电阻 按照教材表5–4–3的方法和步骤，使用数字式接地电阻测试仪精确测量和简易测量接地装置的接地电阻，将测量结果填入教材表5–4–8中。	提示：可通过示范操作指导学生。	

<table>
<tr><th>教学过程与教学内容</th><th>教师活动</th><th>学生活动</th></tr>
<tr><td>4. 使用钳形接地电阻测试仪测量接地电阻
按照教材表5-4-6的方法和步骤使用钳形接地电阻测试仪，用两点法和三点法测量接地装置的接地电阻，将测量结果填入教材表5-4-9中。
5. 清理场地并归置物品
二、实训注意事项
1. 当需开启背光灯时，轻按“LIGHT/LOAD”按键，背光灯被打开且LCD显示屏显示相应的灯符号，再轻按“LIGHT/LOAD”按键可关闭背光灯。
2. 当受环境所限不能立即读数时，可以使用数据保持功能。轻按“HOLD/SAVE”按键，数据保持功能被打开，相应的测量值被保持且LCD显示屏显示相应的保持符号，再轻按“HOLD/SAVE”按键可取消保持功能。
3. 在雷雨天气不得测量防雷接地装置的接地电阻，以防被雷电击伤。
4. 被测接地极与辅助接地极之间连接的导线不得与高压架空线、地下金属管道平行，以免影响测量的准确度。
三、实训测评
根据教材表5-4-10中的评分标准对实训进行测评，并将评分结果填入表中。
【课堂小结】
带领学生围绕以下问题，对本节课所学内容进行小结。
1. 数字式接地电阻测试仪和钳形接地电阻测试仪的特点有哪些？
2. 简述数字式接地电阻测试仪和钳形接地电阻测试仪的使用方法和步骤。</td><td>简明扼要地回顾本节课所学的知识要点，突出本节课的知识重点和难点。（10 min左右）</td><td>听讲，做笔记。有问题可以现场提问。</td></tr>
</table>

教学过程与教学内容	教师活动	学生活动
【课后作业】 复习本次实训课的内容，简述数字式接地电阻测试仪和钳形接地电阻测试仪的使用注意事项。	着重点评上节课作业共性的问题。发布本节课的作业，提醒学生需要注意之处。（5 min 左右）	对照自己的习题册，若有问题可以课后咨询。

第六章

电功率的测量

§6-1 电动系功率表

<table>
<tr><th colspan="5">教案首页</th></tr>
<tr><td>序号</td><td>39</td><td>名称</td><td colspan="2">电动系功率表 1</td></tr>
<tr><td colspan="3">授课班级</td><td>授课日期</td><td>授课时数</td></tr>
<tr><td colspan="3"></td><td>年　月　日</td><td>2</td></tr>
<tr><td colspan="3"></td><td>年　月　日</td><td>2</td></tr>
<tr><td>教学目标</td><td colspan="4">通过本节课的教学，使学生达到以下要求：
1. 熟悉电动系测量机构的结构和工作原理。
2. 熟悉电动系测量机构的特点。
3. 熟悉电动系功率表的结构和工作原理。</td></tr>
<tr><td>教学重、难点及解决办法</td><td colspan="4">重　　点：1. 电动系测量机构的工作原理。
2. 电动系功率表的结构和工作原理。
难　　点：电动系测量机构的特点。
解决办法：电动系测量机构的结构应利用教具和多媒体课件来展示。在学生对电动系测量机构的结构有清晰了解的条件下，再利用电工基础中电磁的知识点分析其工作原理。突出电动系测量机构交、直流都能测量这一特点。</td></tr>
<tr><td>授课教具</td><td colspan="4">电动系功率表、多媒体教学设备。</td></tr>
<tr><td>授课方法</td><td colspan="4">讲授法，直观演示法。</td></tr>
<tr><td>教学思路和建议</td><td colspan="4">电动系测量机构是电动系功率表的核心，本节课是学习电动系功率表的核心，故安排 2 课时分析电动系测量机构的工作原理、结构和特点。应结合电工基础中电磁的知识点，将其讲清、讲透。</td></tr>
<tr><td>审批意见</td><td colspan="4">签字：
年　　月　　日</td></tr>
</table>

教学活动		
教学过程与教学内容	教师活动	学生活动
【课前准备】 1. 巡查教学环境。 2. 督促学生将手机关机，集中放入手机袋，统一保管。 3. 指导学生自查课堂学习材料的准备情况。 4. 考勤。	督促学生完成课前准备。（课前2 min内）	按要求完成课前准备。
【复习提问】 1. 电功率是什么？ 2. 电功率和电能有什么关系？	提出问题，分别请2位学生作答。（5 min左右）	思考并回答问题。
【教学引入】 电功率是表示电流做功快慢的物理量。一个用电器电功率的大小等于它在1 s内所消耗的电能。 测量电功率的专用仪表被称为功率表，又称瓦特表。	利用实物和PPT授课。（55 min左右）	听讲，做笔记，回答教师提问，观看教师的实物演示，加深对知识点的理解。
【讲授新课】 电动系仪表在结构上的主要特点是具有固定线圈和可动线圈，这两者可以分别供不同的电流通过，使得电动系仪表能够测量电功率、相位，以及与这两个电量有关的物理量。	提示：可以采用直观演示、提问等方式进行。	对新知识进行必要的记录。
一、电动系测量机构 1. 电动系测量机构的结构 电动系测量机构主要由固定线圈、可动线圈、指针、游丝、阻尼盒和阻尼片组成。	提示：可利用实物展示进行教学。	
2. 电动系测量机构的工作原理 电动系测量机构是利用两个通电线圈之间会产生电动力作用的原理制成的。当在固定线圈中通入电流 I_1 时，将产生磁场 B_1，同时，在可动线圈中通入电流 I_2，可动线圈中的电流就受到固定线圈磁场的作用力，产生转动力矩，从而推动可		

教学过程与教学内容	教师活动	学生活动
动部分发生偏转，直到与游丝产生的反作用力相平衡，指针停在某一位置，指示出被测量的大小。 转动力矩 M 的方向与电流 I_1、I_2 的方向有关。如果 I_1、I_2 的方向同时改变，转动力矩 M 的方向将不会改变。因此，电动系仪表既可以测量直流电，又可以测量交流电。 3. 电动系仪表的特点 （1）优点 准确度高；交、直流两用；能测量非正弦电流的有效值；电动系测量机构能构成多种仪表，测量多种参数；电动系功率表的标度尺刻度均匀。 （2）缺点 读数易受外磁场的影响；自身消耗功率大；过载能力小；电动系电流表、电压表的标度尺刻度不均匀。 4. 铁磁电动系测量机构 铁磁电动系测量机构主要是为了克服电动系测量机构本身磁场弱、易受外磁场影响的缺点而设计的。由于测量机构本身的磁场很强，外磁场对它的影响也会显著减小，不必再增加防外磁场干扰的装置，简化了仪表的结构。 **二、电动系功率表** 1. 电动系功率表的结构及工作原理 电动系功率表由电动系测量机构和分压电阻构成。它把匝数少、导线粗的固定线圈与负载串联，从而使通过固定线圈的电流等于负载电流，因此，固定线圈又称功率表的电流线圈；把匝数多、导线细的可动线圈与分压电阻 R_V 串联后再与负载并联，从而使加在该支路两端的电	提示：可将电动系仪表的特点和磁电系仪表、电磁系仪表的特点进行比较。	

教学过程与教学内容	教师活动	学生活动
压等于负载电压，因此，可动线圈又称功率表的电压线圈。 电动系功率表的指针偏转角为： $\alpha=KI_AI_U\cos\varphi=KI_A(K_1U)\cos\varphi=K_pIU\cos\varphi=K_PP$ 上式说明，在交流电路中，电动系功率表指针的偏转角与电路的有功功率成正比，此外，电动系功率表标度尺的刻度是均匀的。 在直流电路中，电动系功率表指针的偏转角也与电路的功率成正比。 2. 电动系功率表的量程及量程的扩大 在实际应用中，往往需要扩大功率表的量程。功率表的功率量程主要由电流量程和电压量程来决定，因此，功率量程的扩大一般要通过电流量程和电压量程的扩大来实现。 （1）电流量程的扩大 电动系仪表的电流线圈是由完全相同的两段线圈组成的，可以利用金属连接片将这两段线圈串联或并联，从而达到改变功率表电流量程的目的。 当将金属连接片按下图 a 连接时，两段线圈串联，电流量程为 I_N；当将金属连接片按下图 b 连接时，两段线圈并联，电流量程扩大为 $2I_N$。可见，电动系功率表的电流量程是可以成倍改变的。 a）两线圈串联　　b）两线圈并联	提示：可将电动系功率表扩大量程的方法和磁电系仪表、电磁系仪表扩大量程的方法进行比较。	

教学过程与教学内容	教师活动	学生活动
（2）电压量程的扩大 电动系功率表电压量程的扩大是通过将电压线圈串联不同阻值分压电阻的方法来实现的。 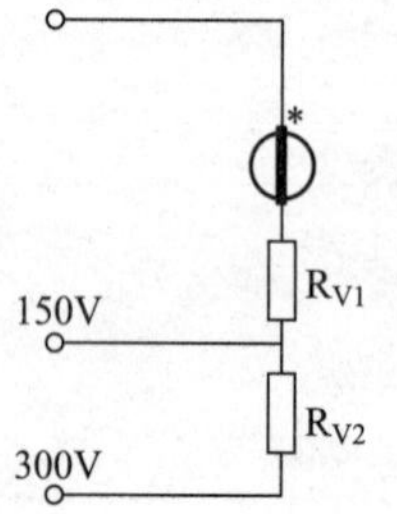 R_{V1}　150V　R_{V2}　300V 只要给功率表选定不同的电流量程和电压量程，功率量程也就随之确定了。 例如，D19–W 型功率表的电流量程为 5/10 A，电压量程为 150/300 V，其功率量程为 P_1=5 A × 150 V=750 W P_2=10 A × 150 V=1 500 W 或 P_2=5 A × 300 V=1 500 W P_3=10 A × 300 V=3 000 W		
【课堂小结】 带领学生围绕以下问题，对本节课所学内容进行小结。 1. 电功率是什么？ 2. 电能是什么？ 3. 电动系测量机构的结构是什么？ 4. 电动系测量机构的工作原理是什么？ 5. 电动系仪表的特点有哪些？	简明扼要地回顾本节课所学的知识要点，突出本节课的知识重点和难点。（10 min 左右）	听讲，做笔记。有问题可以现场提问。
【课后作业】 习题册 P40 ~ 42　一、1 ~ 8　二、1 ~ 6 三、1 ~ 6　四、1 ~ 2	发布本节课的作业，提醒学生需要注意之处。（5 min 左右）	对照自己的习题册，若有问题可以课后咨询。

<table>
<tr><th colspan="5">教案首页</th></tr>
<tr><td>序号</td><td>40</td><td>名称</td><td colspan="2">电动系功率表 2</td></tr>
<tr><td colspan="3">授课班级</td><td>授课日期</td><td>授课时数</td></tr>
<tr><td colspan="3"></td><td>年　月　日</td><td>2</td></tr>
<tr><td colspan="3"></td><td>年　月　日</td><td>2</td></tr>
<tr><td>教学目标</td><td colspan="4">通过本节课的教学，使学生达到以下要求：
1. 掌握电动系功率表的使用方法。
2. 了解低功率因数功率表的用途、结构及使用方法。</td></tr>
<tr><td>教学重、难点及解决办法</td><td colspan="4">重　　点：电动系功率表的使用方法。
难　　点：低功率因数功率表的使用方法。
解决办法：电动系功率表的结构应利用教具和多媒体课件来展示。在学生对电动系功率表的结构有清晰了解的条件下，通过演示操作，讲解电动系功率表如何进行接线和其读数方法等知识点。</td></tr>
<tr><td>授课教具</td><td colspan="4">电动系功率表、多媒体教学设备。</td></tr>
<tr><td>授课方法</td><td colspan="4">讲授法，直观演示法，实物展示法。</td></tr>
<tr><td>教学思路和建议</td><td colspan="4">对于电动系功率表，重在学习其使用方法。本节课是对电动系功率表和低功率因数功率表使用方法的教学，必须结合电动系功率表的实物，通过直观演示法，将知识点讲清、讲透。</td></tr>
<tr><td>审批意见</td><td colspan="4">签字：
年　月　日</td></tr>
</table>

教学活动		
教学过程与教学内容	教师活动	学生活动
【课前准备】 1. 巡查教学环境。 2. 督促学生将手机关机，集中放入手机袋，统一保管。 3. 指导学生自查课堂学习材料的准备情况。 4. 发放习题册。 5. 考勤。	督促学生完成课前准备。（课前 2 min 内）	按要求完成课前准备。
【复习提问】 1. 电动系测量机构的结构是什么？ 2. 电动系测量机构的工作原理是什么？ 3. 电动系仪表的特点有哪些？	提出问题，分别请 3 位学生作答。（5 min 左右）	思考并回答问题。
【教学引入】 电动系仪表和电磁系仪表在结构上最大的区别是电动系仪表用可动线圈代替了可动铁片，基本消除了磁滞和涡流的影响，使其准确度得到了提高，所以在需要精密测量交流电流、电压时，多采用电动系仪表。 【讲授新课】	利用实物和 PPT 授课。（55 min 左右）	听讲，做笔记，回答教师提问，观看教师的实物演示，加深对知识点的理解。
三、电动系功率表的使用 电动系功率表的型号较多，但使用方法基本相同。下面将以 D26–W 型便携式单相功率表为例，说明电动系功率表的使用方法。该功率表有 150 V、300 V、600 V 三个电压量程和 2.5 A、5 A 两个电流量程。	提示：可以采用直观演示、提问等方式进行。	对新知识进行必要的记录。
1. 选择量程 功率表有电流量程、电压量程和功率量程三种量程。功率量程实质上是由电流量程和电压量程来决定的，它等于两者的乘积，即 $P=UI$，相当于负载功率因数 $\cos\varphi=1$ 时的功率值。 选择量程时要使功率表的电流量程略大于被测电流，电压量程略高于被测电压。	提示：充分利用本教材提供的微视频，结合讲课内容和实训要求展开授课。	

<table>
<tr><th>教学过程与教学内容</th><th>教师活动</th><th>学生活动</th></tr>
<tr><td>通常，在使用功率表时，不仅要注意被测功率不能超过仪表的功率量程，而且要用电流表和电压表监测被测电路的电流和电压，使之不超过功率表的电流量程和电压量程，确保仪表安全可靠地运行。
2. 接线
由于电动系仪表指针的偏转方向与两线圈中电流的方向有关，为了防止指针反转，规定两线圈的发电机端用符号“*”表示。功率表应按照“发电机端守则”进行接线。
发电机端守则：使电流从电流线圈的发电机端流入，电流线圈与负载串联；使电流从电压线圈的发电机端流入，电压线圈与负载并联。
按照上述守则，功率表的接线有以下两种方式：
（1）电压线圈前接方式
电压线圈前接方式适用于负载电阻远大于功率表电流线圈电阻的情况。
（2）电压线圈后接方式
电压线圈后接方式适用于负载电阻远小于功率表电压线圈支路电阻的情况。
由于功率表电流线圈的损耗通常比电压线圈支路的损耗小，以采用电压线圈前接方式为宜。
3. 功率表指针反偏现象及处理
在实际测量中，有时功率表接线正确，但指针仍然反偏。这时，为了得到正确的读数，必须在切断电源后将功率表电流线圈的两个接线端对调，并在测量结果前面加上负号，但不得调换功率表电压线圈支路的两个接线端。
4. 读数
便携式功率表一般都有多个电流和电压量程，</td><td>提示：可通过实物操作，边操作边讲解。</td><td></td></tr>
</table>

教学过程与教学内容	教师活动	学生活动
但标度尺只有一条，因此，功率表的标度尺上只标有分格数，而不标功率值。当选用不同的量程时，功率表标度尺的每一分格所表示的功率值不同。 **四、低功率因数功率表** 1. 低功率因数功率表的用途 普通功率表的标度尺是按功率因数 $\cos\varphi=1$ 来刻度的，即被测功率 $P=U_NI_N$ 时，仪表指针偏转至满刻度。但当它被用来测量功率因数很低的负载（如空载运行的电动机、变压器）时，由于仪表的转矩和偏转角与 $P=UI\cos\varphi$ 成正比，当 $\cos\varphi$ 很小时，仪表的转矩也很小，摩擦等引起的误差以及仪表本身的功耗都会对测量结果产生很大的影响。因此，必须采用专门的低功率因数功率表来进行测量。 2. 低功率因数功率表的结构 低功率因数功率表的工作原理与普通功率表基本相同，不同之处主要有以下几点： （1）为了解决在低功率因数下读数困难的问题，低功率因数功率表具有较高的灵敏度。 （2）为了减小摩擦，提高灵敏度，低功率因数功率表通常采用张丝支撑、光标指示结构。 （3）低功率因数功率表在仪表结构上采用误差补偿措施。 3. 低功率因数功率表的使用 （1）接线 低功率因数功率表的接线也应遵守“发电机端守则”。具有补偿线圈的低功率因数功率表必须采用电压线圈后接的接线方式。 （2）读数 被测功率为： $$P=C\alpha$$		

教学过程与教学内容	教师活动	学生活动
【课堂小结】 带领学生围绕以下问题，对本节课所学内容进行小结。 1. 电动系功率表量程的选择是怎样的？ 2. 电动系功率表接线的方法是怎样的？ 3. 电动系功率表读数的方法是什么？ 4. 低功率因数功率表使用的场合是什么？	简明扼要地回顾本节课所学的知识要点，突出本节课的知识重点和难点。（10 min 左右）	听讲，做笔记。有问题可以现场提问。
【课后作业】 习题册 P40～43　一、9～13　二、7～10 三、7～10　四、3～4 五	着重点评上节课作业共性的问题。发布本节课的作业，提醒学生需要注意之处。（5 min 左右）	对照自己的习题册，若有问题可以课后咨询。

§6-2 三相功率的测量

<table>
<tr><td colspan="6">教案首页</td></tr>
<tr><td>序号</td><td>41</td><td>名称</td><td colspan="3">三相功率的测量</td></tr>
<tr><td colspan="3">授课班级</td><td colspan="2">授课日期</td><td>授课时数</td></tr>
<tr><td colspan="3"></td><td colspan="2">年　月　日</td><td>2</td></tr>
<tr><td colspan="3"></td><td colspan="2">年　月　日</td><td>2</td></tr>
<tr><td>教学目标</td><td colspan="5">通过本节课的教学，使学生达到以下要求：
1. 掌握三相有功功率的测量方法。
2. 熟悉三相有功功率表的结构。
3. 掌握三相无功功率的测量方法。
4. 了解铁磁电动系三相无功功率表的结构。</td></tr>
<tr><td>教学重、难点及解决办法</td><td colspan="5">重　点：1. 三相有功功率表的结构。
2. 三相有功功率的测量、接线和读数方法。
3. 三相无功功率的测量、接线和读数方法。
难　点：1. 三相有功功率的三种测量方法使用的场合。
2. 功率表读数与负载功率因数的关系。
解决办法：通过展示接线图，结合实物，介绍功率表的结构和功率的测量方法。复习电工基础中有关功率因数的概念，理解功率因数与电路性质的关系。</td></tr>
<tr><td>授课教具</td><td colspan="5">三相有功功率表、多媒体教学设备。</td></tr>
<tr><td>授课方法</td><td colspan="5">讲授法，直观演示法，实物展示法。</td></tr>
<tr><td>教学思路和建议</td><td colspan="5">引导学生思考，有功功率表为什么既可以测量有功功率，通过改变接线方式也可以测量无功功率。以此入手，通过展示实物，展开对三相有功功率测量的方法和三相无功功率测量的方法的教学。</td></tr>
<tr><td>审批意见</td><td colspan="5">签字：
年　月　日</td></tr>
</table>

教学活动		
教学过程与教学内容	教师活动	学生活动
【课前准备】 1. 巡查教学环境。 2. 督促学生将手机关机，集中放入手机袋，统一保管。 3. 指导学生自查课堂学习材料的准备情况。 4. 发放习题册。 5. 考勤。	督促学生完成课前准备。（课前2 min内）	按要求完成课前准备。
【复习提问】 1. 电动系功率表量程的选择是怎样的? 2. 电动系功率表接线的方法和使用的方法是怎样的? 3. 低功率因数功率表使用的场合是什么?	提出问题，分别请3位学生作答。（5 min左右）	思考并回答问题。
【教学引入】 三相有功功率的测量可以使用单相有功功率表，也可以使用三相有功功率表。有功功率表不仅能测量有功功率，如果适当改换它的接线方式，还能用来测量无功功率。	利用实物和PPT授课。（55 min左右）	听讲，做笔记，回答教师提问，观看教师的实物演示，加深对知识点的理解。
【讲授新课】 **一、三相有功功率的测量** 1. 一表法 适用范围：测量三相对称负载的有功功率。 测量结果：三相总功率 $P=3P_1$。 2. 两表法 适用范围：测量三相三线制电路。不论负载是否对称，也不论负载是“Y”联结还是“△”联结，都能用两表法来测量三相负载的有功功率。 测量结果：三相总功率 $P=P_1+P_2$。 根据上式可以得到两表法的接线规则： （1）两只功率表的电流线圈分别串联在任意两相线（如U、V相线）上，使通过线圈的电流为	提示：可以采用直观演示、提问等方式进行。 提示：向学生说明什么是有功功率。	对新知识进行必要的记录。

教学过程与教学内容	教师活动	学生活动
线电流，电流线圈的发电机端必须接到电源一侧。 （2）两只功率表的电压线圈的发电机端应分别接到该表电流线圈所在的相线上，另一端则共同接到没有接功率表电流线圈的第三相上。 负载功率因数与功率表读数的关系： （1）当 φ=0，cosφ=1 时，负载为纯电阻性，这时两功率表的读数相等，三相功率 $P=2P_1$。 （2）当 $\varphi\pm60°$，cosφ=0.5 时，两表中将有一只表的读数为零，三相功率 $P=P_1$ 或 $P=P_2$。 （3）当 $\|\varphi\|>60°$，cosφ<0.5 时，两表中必有一只表的指针反转，读数为负值。为了获得正确的读数，应在切断电源之后，调换电流线圈的两个接线端子，此时，三相功率应是两表读数之差，即 $P=P_1-P_2$。 3. 三表法 适用范围：测量三相四线制不对称负载的有功功率。 测量结果：三相总功率 $P=P_1+P_2+P_3$。 4. 三相有功功率表 在实际应用中，为了测量方便，往往采用三相功率表测量三相有功功率，它由两只单相功率表的测量机构组成，故又称两元件三相功率表。它的工作原理与两表法测量三相有功功率的工作原理完全相同。 （1）电动系三相功率表 电动系三相功率表的接线方式与两表法测量三相有功功率的接线方式完全相同。 （2）铁磁电动系三相功率表 安装式三相有功功率表通常采用铁磁电动系测量机构，并被做成两元件。它由两套结构完全相同的元器件构成。	提示：可结合实物或图片进行讲解。	

教学过程与教学内容	教师活动	学生活动
二、三相无功功率的测量 1. 一表跨相法 适用范围：测量三相电路完全对称时的无功功率。 测量结果：将功率表的读数乘以$\sqrt{3}$，即得到三相无功功率。 2. 两表跨相法 适用范围：测量三相电路对称时的无功功率。供电系统电源电压不对称的情况是难免的，而两表跨相法在此情况下的测量误差较小，因此仍然适用。 测量结果：将两表读数之和乘以$\frac{\sqrt{3}}{2}$，即得到三相无功功率。 3. 三表跨相法 适用范围：测量电源电压对称，而负载对称或不对称均可时的无功功率。 测量结果：将三只表的读数之和除以$\sqrt{3}$，即得到三相无功功率。	提示：向学生说明什么是无功功率。	
【课堂小结】 带领学生围绕以下问题，对本节课所学内容进行小结。 1. 一表法、两表法和三表法各适用于什么场合？ 2. 一表跨相法、两表跨相法和三表跨相法各适用于什么场合？ 3. 功率表“发电机端守则”的内容是什么？	简明扼要地回顾本节课所学的知识要点，突出本节课的知识重点和难点。（10 min 左右）	听讲，做笔记。有问题可以现场提问。
【课后作业】 习题册 P43 ~ 46。	着重点评上节课作业共性的问题。发布本节课的作业，提醒学生需要注意之处。（5 min 左右）	对照自己的习题册，若有问题可以课后咨询。

实训10 用电动系功率表测量电路的有功功率

<table>
<tr><td colspan="6">教案首页</td></tr>
<tr><td>序号</td><td>42</td><td>名称</td><td colspan="3">用电动系功率表测量电路的有功功率</td></tr>
<tr><td colspan="3">授课班级</td><td colspan="2">授课日期</td><td>授课时数</td></tr>
<tr><td colspan="3"></td><td colspan="2">年 月 日</td><td>2</td></tr>
<tr><td colspan="3"></td><td colspan="2">年 月 日</td><td>2</td></tr>
<tr><td>教学目标</td><td colspan="5">通过本节课的教学，使学生达到以下要求：
1. 熟悉单相有功功率表的结构、原理和使用方法。
2. 能用一表法、两表法、三表法测量三相负载的有功功率。</td></tr>
<tr><td>教学重、难点及解决办法</td><td colspan="5">重　　点：单相有功功率表的使用方法。
难　　点：使用一表法、两表法、三表法测量三相负载的有功功率。
解决办法：通过演示和巡回指导，示范有功功率表的使用方法，演示仪表的实际接线操作，解决以上问题。</td></tr>
<tr><td>授课教具</td><td colspan="5">实训实验器材、多媒体教学设备。</td></tr>
<tr><td>授课方法</td><td colspan="5">讲授法，直观演示法，实验法。</td></tr>
<tr><td>教学思路和建议</td><td colspan="5">对于实训实验课程，首先分析实训实验的目的，其次介绍使用的实训实验器材，然后进行演示操作，最后由学生进行操作，教师巡回指导。只有这样，才能达到实训实验的目的。</td></tr>
<tr><td>审批意见</td><td colspan="5">签字：
年　月　日</td></tr>
</table>

教学活动		
教学过程与教学内容	教师活动	学生活动
【课前准备】 1. 巡查教学环境。 2. 督促学生将手机关机，集中放入手机袋，统一保管。 3. 指导学生自查课堂学习材料的准备情况。 4. 发放习题册。 5. 考勤。	督促学生完成课前准备。（课前2 min内）	按要求完成课前准备。
【复习提问】 1. 一表法、两表法和三表法各适用于什么场合? 2. 一表跨相法、两表跨相法和三表跨相法各适用于什么场合? 3. 功率表“发电机端守则”的内容是什么?	提出问题，分别请3位学生作答。（5 min左右）	思考并回答问题。
【教学引入】 上一节课，我们学习了三相有功功率和三相无功功率的测量方法，知道了通过改变接线方式，有功功率表也可以测量无功功率。本节课将具体完成电路有功功率的测量练习。 【讲授新课】 一、实训内容及步骤 1. 外观检查 2. 用一只单相有功功率表测量三相四线制负载的功率 （1）按教材图6–2–10连接实训电路。 （2）安装三只相同参数的白炽灯，合上单相开关SA，再合上三相开关QS，用一只单相有功功率表分别测量三相对称负载的有功功率，记录测量结果。 （3）将其中任意两只白炽灯更换为其他参数的白炽灯，合上单相开关SA，再合上三相开关QS,	利用实物和PPT授课。（55 min左右） 提示：可通过演示操作指导学生。	听讲，做笔记，回答教师提问，观看教师的实物演示，加深对知识点的理解。 对新知识进行必要的记录。

教学过程与教学内容	教师活动	学生活动
用一只单相有功功率表分别测量三相不对称负载的有功功率，记录测量结果。 3. 用三只单相有功功率表测量三相四线制负载的功率 （1）按教材图 6–2–11 连接实训线路。 （2）安装三只相同参数的白炽灯，合上单相开关 SA，再合上三相开关 QS，用三只单相有功功率表同时测量其功率，记录测量结果。 （3）将其中任意两只白炽灯更换为其他参数的白炽灯，合上单相开关 SA，再合上三相开关 QS，用三只单相有功功率表同时测量三相不对称负载的有功功率，记录测量结果。 4. 用两表法测量三相三线制负载的功率 （1）测量 $\cos\varphi=1$ 时，对称三相三线制负载的功率。按教材图 6–2–12a 连接线路。用两表法测量其三相功率，记录测量结果。 （2）测量 $\cos\varphi=0.5$ 时，对称三相三线制负载的功率。将教材图 6–2–12a 中三只白炽灯换成三只 150 W 高压钠灯，组成 $\cos\varphi=0.5$ 的对称三相负载，记录测量结果。 5. 清理场地并归置物品 **二、实训注意事项** 1. 功率表应按照“发电机端守则”进行接线。 2. 一定要检查电路连接是否正确，并经实训指导教师同意后方能进行通电实训。 **三、实训测评** 根据教材表 6–2–1 中的评分标准对实训进行测评，并将评分结果填入表中。	提示：可结合实训过程中出现的问题和需要注意之处进行讲解。	
【课堂小结】 带领学生围绕以下问题，对本节课所学内容进行小结。	简明扼要地回顾本节课所学的知识	听讲，做笔记。有问题可

教学过程与教学内容	教师活动	学生活动
1. 选择电动系功率表量程的原则是什么? 2. 如何扩大电动系功率表的量程? 3. 如何正确读取电动系功率表的读数? 4. 使用一表法、两表法、三表法测量三相负载的有功功率的方法是什么?	要点，突出本节课的知识重点和难点。(10 min左右)	以现场提问。
【课后作业】 复习本次实训课的内容，简述一表法、两表法、三表法测量三相负载的有功功率的方法。	着重点评上节课作业共性的问题。发布本节课的作业，提醒学生需要注意之处。(5 min左右)	对照自己的习题册，若有问题可以课后咨询。

§6-3 数字式功率表

<table>
<tr><th colspan="5">教案首页</th></tr>
<tr><td>序号</td><td>43</td><td>名称</td><td colspan="2">数字式功率表</td></tr>
<tr><td colspan="3">授课班级</td><td>授课日期</td><td>授课时数</td></tr>
<tr><td colspan="3"></td><td>年 月 日</td><td>2</td></tr>
<tr><td colspan="3"></td><td>年 月 日</td><td>2</td></tr>
<tr><td>教学目标</td><td colspan="4">通过本节课的教学，使学生达到以下要求：
1. 了解数字式功率表的结构和功能。
2. 了解数字式功率表的选型、接线方式、显示面板和参数设置。</td></tr>
<tr><td>教学重、难点及解决办法</td><td colspan="4">重　　点：1. 数字式功率表的结构和功能。
2. 数字式功率表的选型。
难　　点：数字式功率表的接线方式。
解决办法：首先分析直流电路功率和交流电路功率的区别，其次通过实物展示，将知识点逐一分析讲解，重点讲解数字式功率表的接线方式。</td></tr>
<tr><td>授课教具</td><td colspan="4">数字式功率表、多媒体教学设备。</td></tr>
<tr><td>授课方法</td><td colspan="4">讲授法，直观演示法，实物展示法。</td></tr>
<tr><td>教学思路和建议</td><td colspan="4">本节课需要展示相应的仪表来辅助教学，所以教师对仪表的熟悉程度，直接决定了课程的授课质量。教师应在授课前熟练掌握仪表的使用方法，最好能将实训的内容自己提前完成。</td></tr>
<tr><td>审批意见</td><td colspan="4">签字：
年 月 日</td></tr>
</table>

教学活动		
教学过程与教学内容	教师活动	学生活动
【课前准备】 1. 巡查教学环境。 2. 督促学生将手机关机，集中放入手机袋，统一保管。 3. 指导学生自查课堂学习材料的准备情况。 4. 考勤。	督促学生完成课前准备。（课前2 min内）	按要求完成课前准备。
【复习提问】 1. 选择电动系功率表量程的原则是什么？ 2. 如何扩大电动系功率表的量程？ 3. 如何正确读取电动系功率表的读数？ 4. 使用一表法、两表法、三表法测量三相负载的有功功率的方法是什么？	提出问题，分别请4位学生作答。（5 min左右）	思考并回答问题。
【教学引入】 数字式功率表是数显电工仪表中的一种，是对电路中的功率进行测量，并以数字形式显示的仪表。	利用实物和PPT授课。（55 min左右）	听讲，做笔记，回答教师提问，观看教师的实物演示，加深对知识点的理解。
【讲授新课】 **一、数字式功率表的结构和功能** 直流电路功率是指负载两端的电压与流经负载的电流的乘积。测量直流电路的功率，需要分别测量其电压值和电流值，两者的乘积即为所测直流功率值。	提示：可以采用直观演示、提问等方式进行。	对新知识进行必要的记录。
交流电路功率是指一个周期内瞬时电压和瞬时电流乘积的平均值。测量交流电路的功率同样需要分别测量其瞬时电压值与瞬时电流值，然后通过运算或专用电路，求得一个周期的瞬时电压值与瞬时电流值乘积的平均值，即为所测交流功率值。 数字式功率表的测量结果要以数字的方式显	提示：充分利用本教材提供的微视频，结合讲课内容和实训要求展开授课。	

教学过程与教学内容	教师活动	学生活动
示，所以电路中必定要用到乘法器。 1. 模拟乘法器 模拟乘法器求得的乘积为模拟值，需要通过A/D转换器变换为数字量并显示。由模拟乘法器构成的数字式功率表既可以测量直流电路的功率，又可以测量交流电路的功率。 2. 数字乘法器 数字乘法器需要将电压和电流的瞬时值通过A/D转换器变换为数字量，再通过数字乘法器进行运算，求得功率后通过单片机直接显示。 由数字乘法器构成的数字式功率表，因为利用了单片机（自带A/D转换器）和数字乘法器，既可以组成功率表，又可以根据需要组成多功能的智能仪表，既可以测量有功功率，又可以测量无功功率、功率因数、电压、电流等。一些智能数显直流功率表和智能数显交流功率表就属于此类仪表。 智能数显直流功率表通过按键即可设置所接分流器的变比，从而显示一次侧的直流参数。智能数显交流功率表通过按键即可设置电压互感器和电流互感器的参数，可以直观显示交流系统一次侧的功率。 **二、数字式直流功率表和交流功率表** 1. 数字式功率表选型 （1）数字式直流功率表选型 型号SPA-96BDW-A10-V60-M-A1表示该仪表为数字式直流功率表，其输入电流为DC 0～10 A，输入电压为DC 0～600 V，具有变送输出功能，工作电源为AC 220 V。 （2）数字式交流功率表选型 型号SPC-96BW-A5-V30-R-A1表示该仪表为数字式交流功率表，其输入电流为AC 0～5 A，	提示：可利用实物来进行讲解。	

教学过程与教学内容	教师活动	学生活动
输入电压为 AC 0 ~ 300 V，具有 RS485 通信输出功能，工作电源为 AC 220 V。 2. 数字式功率表的接线方式 （1）数字式直流功率表的接线方式 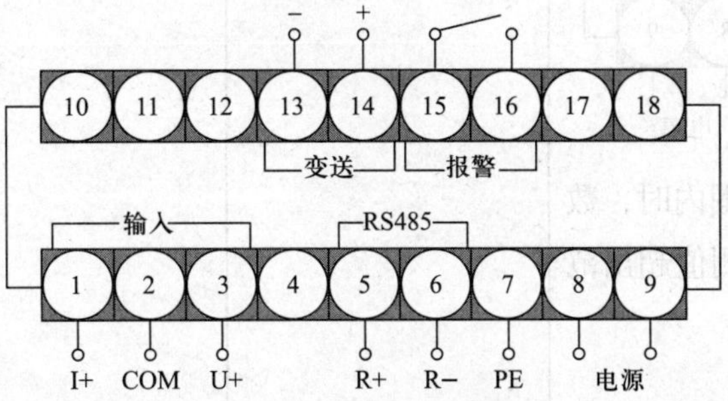 a）电流和电压输入端共用 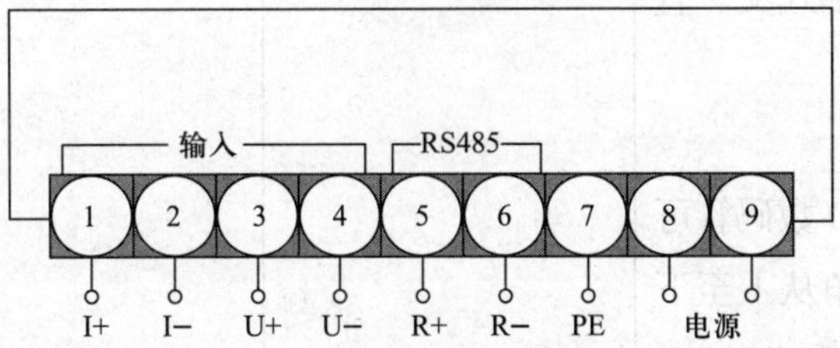 b）电流和电压输入端隔离 有下列情形之一者应选用电流和电压输入端隔离的形式： 1）电流信号直接接入、采用分流器接入或采用霍尔传感器接入仪表，电压信号采用霍尔传感器接入仪表。 2）电压信号直接接入仪表，电流信号采用霍尔传感器接入仪表。 当被测量的电流值和电压值在仪表范围内时，数字式直流功率表可直接接入；如果被测值超出范围，则须通过分流器或传感器再接入。 （2）数字式交流功率表的接线方式 数字式交流功率表在接线时，输入电流、输入电压的方向和相序要保持一致，否则测量的功率值会出现错误。	提示：可以通过与数字式电流表、电压表接线方式的比较来加深学生的理解。	

教学过程与教学内容	教师活动	学生活动
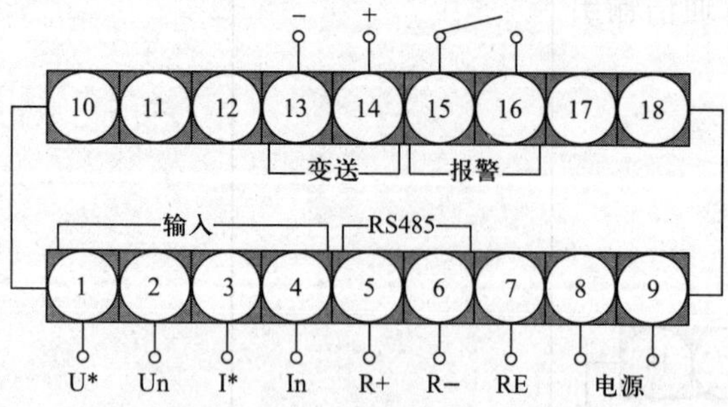 被测量的电流值和电压值在仪表范围内时，数字式交流功率表可直接接入；如果被测值超出范围，则须通过互感器再接入。 （3）数字式功率表工作电源 数字式功率表工作电源的接线和数字式交、直流仪表工作电源的接线相同。 3. 数字式功率表显示面板 数字式功率表显示面板上的四位 LED 数码管可以显示功率的测量值，显示面板右上角从上至下的四个指示灯分别为 AL1、AL2、k/W 和 COMM。AL1、AL2 为两路报警指示灯，报警继电器动作时，对应指示灯亮，报警继电器恢复时，对应指示灯灭；k/W 为功率单位指示灯，不亮为 W，长亮为 kW；COMM 为通信指示灯，与上位机通信时，指示灯闪烁。 4. 数字式功率表参数设置 数字式功率表参数设置与数字式交、直流仪表参数设置的方法相同。 **【课堂小结】**		
带领学生围绕以下问题，对本节课所学内容进行小结。 1. 直流电路功率和交流电路功率测量的不同之处是什么？ 2. 模拟乘法器和数字乘法器的区别是什么？	简明扼要地回顾本节课所学的知识要点，突出本节课的知识重点和难点。（10 min 左右）	听讲，做笔记。有问题可以现场提问。

教学过程与教学内容	教师活动	学生活动
3. 数字式直流功率表的接线方式是怎样的？ 4. 数字式交流功率表的接线方式是怎样的？ 【课后作业】 习题册 P46 ~ 47。	发布本节课的作业，提醒学生需要注意之处。（5 min 左右）	对照自己的习题册，若有问题可以课后咨询。

实训 11 用数字式功率表测量电路的有功功率

<table>
<tr><td colspan="5">教案首页</td></tr>
<tr><td>序号</td><td>44</td><td>名称</td><td colspan="2">用数字式功率表测量
电路的有功功率</td></tr>
<tr><td colspan="3">授课班级</td><td>授课日期</td><td>授课时数</td></tr>
<tr><td colspan="3"></td><td>年 月 日</td><td>2</td></tr>
<tr><td colspan="3"></td><td>年 月 日</td><td>2</td></tr>
<tr><td>教学目标</td><td colspan="4">通过本节课的教学，使学生达到以下要求：
1. 熟悉数字式功率表的结构和使用方法。
2. 能用数字式功率表测量单相和三相负载的功率。</td></tr>
<tr><td>教学重、难点及解决办法</td><td colspan="4">重　　点：数字式功率表的使用方法。
难　　点：使用数字式功率表测量单相和三相负载的功率。
解决办法：通过演示和巡回指导，示范数字式功率表的使用方法，演示仪表的实际接线操作，解决以上问题。</td></tr>
<tr><td>授课教具</td><td colspan="4">实训实验器材、多媒体教学设备。</td></tr>
<tr><td>授课方法</td><td colspan="4">讲授法，直观演示法，实验法。</td></tr>
<tr><td>教学思路和建议</td><td colspan="4">对于实训实验课程，首先分析实训实验的目的，其次介绍使用的实训实验器材，然后进行演示操作，最后由学生进行操作，教师巡回指导。只有这样，才能达到实训实验的目的。</td></tr>
<tr><td>审批意见</td><td colspan="4">签字：
年　月　日</td></tr>
</table>

教学活动		
教学过程与教学内容	教师活动	学生活动
【课前准备】 1. 巡查教学环境。 2. 督促学生将手机关机，集中放入手机袋，统一保管。 3. 指导学生自查课堂学习材料的准备情况。 4. 发放习题册。 5. 考勤。	督促学生完成课前准备。（课前 2 min 内）	按要求完成课前准备。
【复习提问】 1. 直流电路功率和交流电路功率测量有何不同？ 2. 数字式直流功率表的接线方式是怎样的？ 3. 数字式交流功率表的接线方式是怎样的？	提出问题，分别请 3 位学生作答。（5 min 左右）	思考并回答问题。
【教学引入】 上一节课我们学习了数字式功率表的知识，本节课我们具体进行数字式功率表的应用和实践。	利用实物和 PPT 授课。（55 min 左右）	听讲，做笔记，回答教师提问，观看教师的实物演示，加深对知识点的理解。
【讲授新课】 一、实训内容及步骤 1. 外观检查 2. 用一只数字式交流功率表分别测量三相四线制负载的功率 （1）按教材图 6–3–10 连接实训电路。分别切断 a 和 a'、b 和 b'、c 和 c'，将数字式交流功率表的电流接线端子接入，再将电压接线端子分别接入 a' 和 N'、b 和 N'、c 和 N'。 （2）安装三只相同参数的白炽灯，合上单相开关 SA，再合上三相开关 QS，用一只数字式交	提示：可通过演示指导学生。	对新知识进行必要的记录。

教学过程与教学内容	教师活动	学生活动
流功率表分别测量三相对称负载的有功功率，记录测量结果。 （3）将其中任意两只白炽灯更换为其他参数的白炽灯，合上单相开关SA，再合上三相开关QS，用一只数字式交流功率表分别测量三相不对称负载的有功功率，记录测量结果。 3. 用三只数字式交流功率表测量三相四线制负载的功率 （1）按教材图6–3–11连接实训电路。三只数字式交流功率表的接线方法和第二步相同。 （2）先合上单相开关SA，再合上三相开关QS，用三只数字式交流功率表同时测量三相四线制负载的功率，记录测量结果。 （3）将白炽灯换成高压钠灯，合上单相开关SA，再合上三相开关QS，用三只数字式交流功率表同时测量三相四线制负载的功率，记录测量结果。 4. 清理场地并归置物品 **二、实训注意事项** 一定要检查电路连接是否正确，并经实训指导教师同意后方能进行通电实训。 **三、实训测评** 根据教材表6–3–3中的评分标准对实训进行测评，并将评分结果填入表中。		
【课堂小结】 带领学生围绕以下问题，对本节课所学内容进行小结。 1. 数字式功率表的接线方式是怎样的？ 2. 数字式功率表显示屏的显示画面可在哪几个界面之间切换？	简明扼要地回顾本节课所学的知识要点，突出本节课的知识重点和难点。 （10 min左右）	听讲，做笔记。有问题可以现场提问。

教学过程与教学内容	教师活动	学生活动
【课后作业】 复习本次实训课的内容，简述数字式功率表测量电路功率的接线方法。	着重点评上节课作业共性的问题。发布本节课的作业，提醒学生需要注意之处。（5 min 左右）	对照自己的习题册，若有问题可以课后咨询。

第七章
电能的测量

§7-1 单相电能的测量

<table>
<tr><th colspan="5">教案首页</th></tr>
<tr><td>序号</td><td>45</td><td>名称</td><td colspan="2">单相电能的测量 1</td></tr>
<tr><td colspan="3">授课班级</td><td>授课日期</td><td>授课时数</td></tr>
<tr><td colspan="3"></td><td>年　月　日</td><td>2</td></tr>
<tr><td colspan="3"></td><td>年　月　日</td><td>2</td></tr>
<tr><td>教学目标</td><td colspan="4">通过本节课的教学，使学生达到以下要求：
1. 了解单相电子式电能表的结构和工作原理，掌握单相电子式电能表的接线方法。
2. 了解单相电子式预付费电能表的工作原理及使用方法。</td></tr>
<tr><td>教学重、难点及解决办法</td><td colspan="4">重　　点：1. 电子式电能表的安装要求。
2. 单相电子式预付费电能表的工作原理及使用方法。
难　　点：单相电子式电能表的接线方法。
解决办法：通过生活中的实例讲解本节课的内容。在讲解中，避免分析具体电路，着重讲好原理框图和仪表使用方法。</td></tr>
<tr><td>授课教具</td><td colspan="4">单相电子式电能表、单相电子式预付费电能表、多媒体教学设备。</td></tr>
<tr><td>授课方法</td><td colspan="4">讲授法，直观演示法，实物展示法。</td></tr>
<tr><td>教学思路和建议</td><td colspan="4">电能表和生活、工作密切相关，也和功率表有联系。在本节课中，一定要结合生活中的实例，分析、讲解电能表，重点突出讲解如何使用电能表、如何接线。</td></tr>
<tr><td>审批意见</td><td colspan="4">签字：
年　月　日</td></tr>
</table>

<table>
<tr><th colspan="3">教学活动</th></tr>
<tr><th>教学过程与教学内容</th><th>教师活动</th><th>学生活动</th></tr>
<tr><td>【课前准备】
1. 巡查教学环境。
2. 督促学生将手机关机，集中放入手机袋，统一保管。
3. 指导学生自查课堂学习材料的准备情况。
4. 考勤。</td><td>督促学生完成课前准备。（课前2 min内）</td><td>按要求完成课前准备。</td></tr>
<tr><td>【复习提问】
1. 直流电路功率测量和交流电路功率测量的不同之处是什么?
2. 数字式功率表的接线方式是怎样的?</td><td>提出问题，分别请2位学生作答。（5 min左右）</td><td>思考并回答问题。</td></tr>
<tr><td>【教学引入】
由于实际生产中常采用kW · h作为电能的单位，所以测量电能的仪表被称为电能表或千瓦时表。电能表与功率表的不同之处在于电能表不仅能反映负载功率的大小，还能计算负载用电的时间，并通过计度器把电能自动地累计起来。
电子式电能表的结构与感应式电能表相比，取消了转动的铝盘、电流元器件和电压元器件，改用电子元器件，用液晶显示器或步进电机驱动的字轮显示读数。</td><td>利用实物和PPT授课。（55 min左右）
提示：可以采用直观演示、提问等方式进行。</td><td>听讲，做笔记，回答教师提问，观看教师的实物演示，加深对知识点的理解。</td></tr>
<tr><td>【讲授新课】
电子式电能表也被称为静止式电能表，但严格地说，因为电子式电能表采用步进电机驱动字轮，所以不能认为它是完全静止的。如果要做到完全静止，电能表必须采用液晶显示器，若采用液晶显示器则要有相应的存储器件，有时还需要备用电源，才能保证电能表在停电后能够保存数据。
一、单相电子式电能表
单相电子式电能表测量的电能是有功功率与时间的乘积，交流电路中电压 U 和电流 I 在某一</td><td>提示：可通过介绍感应式电能表来突出电子式电能表的优点。</td><td>对新知识进行必要的记录。</td></tr>
</table>

教学过程与教学内容	教师活动	学生活动
段时间 t 内的电能 E 的表达式为 $$E=UI\cos\varphi t$$ 1. 单相电子式电能表的结构和工作原理 普通单相电子式电能表由输入变换电路、乘法器、U/f 转换器、计度器等部分组成，其工作原理是，首先将被测电量 U 和 I 经电压输入电路和电流输入电路进行转换，然后通过乘法器将转换后的 U_U 和 U_I 相乘，乘法器产生一个与 U 和 I 的乘积（有功功率 P）成正比的信号 U_0，再通过 U/f 转换器将模拟量 U_0 转换成与 $UI\cos\varphi$ 的大小成正比的频率脉冲信号，最后经计数器累积计数而测得时间 t 内的电能数值。 （1）输入变换电路 输入变换电路包括电压变换器和电流变换器两部分，其作用是将高电压、大电流变换成可用于电子测量的小信号后送至乘法器。 （2）乘法器 乘法器是电子式电能表的核心，是一种能将两个互不相关的模拟信号相乘的电子电路，其输出信号与两个输入信号的乘积成正比。 （3）U/f 转换器 U/f 转换器的作用是将输入电压转换成与之成正比的频率脉冲信号，在模 / 数（A/D）转换中，U/f 转换器是一种常用的电子电路。 （4）计度器 计度器包括计数器和显示部分。计数器可将由 U/f 转换器输出的频率脉冲信号加以计数，然后送至显示电路显示。全电子式电能表的显示部分通常采用液晶显示器。 2. 单相电子式电能表的接线方法 为接线方便，单相电子式电能表内设有专门的接线盒，盒内接有四个接线柱，连接时只要将 1、	提示：可结合实物进行讲解。 提示：充分利用本教材提供的微视频，结合讲课内容	

教学过程与教学内容	教师活动	学生活动
3 端（进线端）接电源，2、4 端（出线端）接负载即可。 3. 电子式电能表的安装要求 （1）电子式电能表的安装地点应干燥，有利于抄表，且无尘土、热源，电磁场影响小。电能表装于户外时，应采用防水防雨措施。 （2）电子式电能表应竖直安装，上下左右的坡度不超过 2°。装有电压互感器的电子式电能表，电压互感器二次绕组的同名端不可接错，不然将导致电能表反转、不转动或计量错误。电源开关、断路器应接在电子式电能表的负荷侧。 （3）电子式电能表的接线端子联片不可拆卸，否则电压线圈内将没有电流，电能表将无法运转。 （4）不同电价的用电线路应分别装表，同一电价的用电线路应合并装表。 （5）电子式电能表的电流线圈应串联在相线上。 **二、单相电子式预付费电能表** 单相电子式预付费电能表的用途是计量额定频率为 50 Hz 的交流单相有功电能，并实现电量预购功能。 单相电子式预付费电能表具有数据回读功能。当电卡插入表内，电能表正确读取数据后，它能够将表内总电量、本次剩余电量、上次剩余电量、总购电次数等数据回读到电卡中，便于供电部门与用户进行信息传递，保护供、用电双方的利益。电卡作为媒介，由供电部门设置密码，	和实训要求展开授课。 提示：可通过演示操作，边操作边讲解。 提示：可通过实物展示来进行教学。	

教学过程与教学内容	教师活动	学生活动
保证了用户电卡只能自己使用而不能换用，表内的电卡插座与表内通过的市电完全绝缘，保证了用户使用电卡时的安全。 1. 工作原理 单相电子式预付费电能表包括测量系统和单片机处理系统，测量系统是一块单相电子式电能表。用户在供电部门交款购电，所购电量在售电机上被写进用户电卡，由电卡传递给电能表。当所购电量用完后，表内继电器将自动切断供电回路。 2. 使用方法 单相电子式预付费电能表采用六位计度器显示总消耗电量，其中左五位为整数位（黑色），右一位为小数位（红色），窗口示数为实际用电量，另用四位数码管滚动显示所购电量和剩余电量。电能表标牌上装有红色功率指示灯，用以指示用户用电状况。 用户携电卡购电后，将电卡插入电表，保持5 s后拔出电卡即可用电。在用户拔下电卡约30 s后，电表进入隐显状态。当电表电量小于10 kW·h时，电表由隐显变为常显状态，提醒用户电量已剩余不多。当用户电量剩至5 kW·h时，电能表断电报警，此时用户将电卡重新插入表内一次，可继续使用5 kW·h电量，此功能用于再次提醒用户及时购电。		
【课堂小结】 带领学生围绕以下问题，对本节课所学内容进行小结。 1. 电能表与功率表的不同之处是什么？ 2. 单相电子式电能表的接线方式是怎样的？ 3. 单相电子式电能表的安装要求是怎样的？	简明扼要地回顾本节课所学的知识要点，突出本节课的知识重点和难点。（10 min左右）	听讲，做笔记。有问题可以现场提问。

教学过程与教学内容	教师活动	学生活动
4. 单相电子式预付费电能表的使用方法是怎样的? 【课后作业】 习题册 P48 ~ 50　一、1 ~ 5　二、1 ~ 3 三、1 ~ 4　四、1 五、1	发布本节课的作业，提醒学生需要注意之处。(5 min 左右)	对照自己的习题册，若有问题可以课后咨询。

<table>
<tr><td colspan="5">教案首页</td></tr>
<tr><td>序号</td><td>46</td><td>名称</td><td colspan="2">单相电能的测量 2</td></tr>
<tr><td colspan="3">授课班级</td><td>授课日期</td><td>授课时数</td></tr>
<tr><td colspan="3"></td><td>年　月　日</td><td>2</td></tr>
<tr><td colspan="3"></td><td>年　月　日</td><td>2</td></tr>
<tr><td>教学目标</td><td colspan="4">通过本节课的教学，使学生达到以下要求：
1. 了解单相费控智能电能表的基本知识。
2. 了解单相数字式电能表的结构和工作原理，掌握单相数字式电能表的选型和接线方式。
3. 了解导轨式单相多功能表的基本知识。</td></tr>
<tr><td>教学重、难点及解决办法</td><td colspan="4">重　　点：单相费控智能电能表的基本知识。
难　　点：单相数字式电能表的选型和接线方式。
解决办法：通过生活中的实例讲解本节课的内容。在讲解中，避免分析具体电路，着重讲好原理框图、仪表接线方式和使用方法。</td></tr>
<tr><td>授课教具</td><td colspan="4">单相费控智能电能表、单相数字式电能表、导轨式单相多功能表、多媒体教学设备。</td></tr>
<tr><td>授课方法</td><td colspan="4">讲授法，直观演示法，实物展示法。</td></tr>
<tr><td>教学思路和建议</td><td colspan="4">电能表和生活、工作密切相关。在本节课中，一定要结合生活中的实例，分析、讲解单相费控智能电能表、单相数字式电能表，重点突出讲解如何使用电能表、如何接线。</td></tr>
<tr><td>审批意见</td><td colspan="4">签字：
年　月　日</td></tr>
</table>

教学活动		
教学过程与教学内容	教师活动	学生活动
【课前准备】 1. 巡查教学环境。 2. 督促学生将手机关机，集中放入手机袋，统一保管。 3. 指导学生自查课堂学习材料的准备情况。 4. 发放习题册。 5. 考勤。	督促学生完成课前准备。（课前2 min内）	按要求完成课前准备。
【复习提问】 1. 电能表与功率表的不同之处是什么？ 2. 单相电子式电能表的接线方式是怎样的？ 3. 单相电子式电能表的安装要求是怎样的？	提出问题，分别请3位学生作答。（5 min左右）	思考并回答问题。
【教学引入】 电子式电能表克服了机械感应式电能表的摩擦问题，从而大大提高了灵敏度，降低了仪表本身消耗的功率。 除了上节课我们了解的单相电子式电能表、单相电子式预付费电能表外，还有哪些电子式电能表？	利用实物和PPT授课。（55 min左右）	听讲，做笔记，回答教师提问，观看教师的实物演示，加深对知识点的理解。
【讲授新课】 **三、单相费控智能电能表** 把一天的电网负荷状态按用电量大小来区分，可以分成尖峰、峰、平、谷四个时段。为了提高电网的效率，在尖峰时段需要限制负荷，在谷时段则要鼓励用电，电力管理部门制定了在不同时段执行不同电价的复费率制，以达到抑制尖峰时段用电的目的。 实行时段电价的用户则需要安装单相费控智能电能表。 单相费控智能电能表一般由测量单元、数据处理单元及通信单元等组成。智能电能表按缴费方式可分为本地表和远程表。本地表是指其用户可	提示：可以采用直观演示、提问等方式进行。 提示：引导学生思考为什么会出现四个时段，由此引出单相费控智能电能表。	对新知识进行必要的记录。

教学过程与教学内容	教师活动	学生活动
使用IC卡缴费的电能表，前面介绍的单相电子式预付费电能表就属于这种类型。远程表则是指供电部门通过计算机和远程售电管理系统实现远程费控功能的电能表，单相费控智能电能表就属于这种类型。 实现电能表远程费控给用电管理带来了极大的便利，一是拉闸动作只需在办公室完成（进入采集系统，单击“下发跳闸”指令即可），节省了不必要的人力支出，提高了工作效率；二是拉闸操作以系统采集的实时数据为依据，避免了拉错闸的情况，提升了供电服务质量。		
四、单相数字式电能表 SPC-96BE 系列单相数字式电能表采用交流采样技术，通过面板按键设置 PT 及 CT 参数，可直观显示单相系统一次侧的电能。 1. 单相数字式电能表的结构和工作原理 单相数字式电能表利用电子电路和芯片来测量电能。 2. 单相数字式电能表选型 型号 SPC-96BE-A10-V30-R-A1 表示该仪表为单相数字式电能表，其输入电流为 AC 0～10 A，输入电压为 AC 0～300 V，具有 RS485 通信输出功能，工作电源为 AC 220 V。	提示：可通过实物展示进行教学。	
3. 单相数字式电能表接线方式 （1）接线端子 单相数字式电能表的输入电流和电压要保持方向和相序的一致性，否则显示的额定电能和功率值将会出现错误。 输入　RS485　电源 1　2　3　4　5　6　7　8　9 U*　Un　I*　In　R+　R−　⏚　−　+	提示：可通过演示操作，边操作边讲解。	

教学过程与教学内容	教师活动	学生活动
（2）接线方式 如果被测量的电流值和电压值在仪表量程范围内，数字式电能表可直接接入；如果被测值超出量程范围，则需通过电流互感器或电压互感器接入。 （3）电能表工作电源 单相数字式电能表工作电源的接线方式和数字式直流仪表工作电源的接线方式相同。		
五、导轨式单相多功能表 SPC-640系列导轨式单相多功能表专为能效管理系统而设计，该仪表可直接与空气开关、断路器、接触器一起安装，无须外置电流互感器，最大可直接接入100 A电流，可同时测量交流电流、电压、功率、频率和电能等参数，标配RS485通信接口，默认Modbus-RTU通信协议。	提示：可通过实物展示进行教学。	
【课堂小结】 带领学生围绕以下问题，对本节课所学内容进行小结。 1. 实现电能表远程费控可以带来哪些用电管理的便利？ 2. 单相数字式电能表采用什么采样技术？ 3. 单相数字式电能表接线方式是怎样的？	简明扼要地回顾本节课所学的知识要点，突出本节课的知识重点和难点。（10 min左右）	听讲，做笔记。有问题可以现场提问。
【课后作业】 习题册P48～50　一、6～8　二、4～6 三、5～6　四、2 五、2	着重点评上节课作业共性的问题。发布本节课的作业，提醒学生需要注意之处。（5 min左右）	对照自己的习题册，若有问题可以课后咨询。

实训 12　用单相电能表测量电路的电能

<table>
<tr><th colspan="4">教案首页</th></tr>
<tr><td>序号</td><td>47</td><td>名称</td><td colspan="2">用单相电能表测量电路的电能</td></tr>
<tr><td colspan="3">授课班级</td><td>授课日期</td><td>授课时数</td></tr>
<tr><td colspan="3"></td><td>年　月　日</td><td>2</td></tr>
<tr><td colspan="3"></td><td>年　月　日</td><td>2</td></tr>
<tr><td>教学目标</td><td colspan="4">通过本节课的教学，使学生达到以下要求：
1. 熟悉单相电能表的结构和使用方法。
2. 掌握用单相电能表测量电能的方法。</td></tr>
<tr><td>教学重、难点及解决办法</td><td colspan="4">重　　点：单相电能表的结构和使用方法。
难　　点：单相电能表测量电能的方法。
解决办法：通过演示和巡回指导，示范单相电能表的使用方法，演示仪表的实际接线操作，解决以上问题。</td></tr>
<tr><td>授课教具</td><td colspan="4">实训实验器材、多媒体教学设备。</td></tr>
<tr><td>授课方法</td><td colspan="4">讲授法，直观演示法，实验法。</td></tr>
<tr><td>教学思路和建议</td><td colspan="4">对于实训实验课程，首先分析实训实验的目的，其次介绍使用的实训实验器材，然后进行演示操作，最后由学生进行操作，教师巡回指导。只有这样，才能达到实训实验的目的。</td></tr>
<tr><td>审批意见</td><td colspan="4">签字：
年　　月　　日</td></tr>
</table>

教学活动		
教学过程与教学内容	教师活动	学生活动
【课前准备】 1. 巡查教学环境。 2. 督促学生将手机关机，集中放入手机袋，统一保管。 3. 指导学生自查课堂学习材料的准备情况。 4. 发放习题册。 5. 考勤。	督促学生完成课前准备。（课前2 min内）	按要求完成课前准备。
【复习提问】 1. 电能表与功率表的不同之处是什么? 2. 单相电子式电能表的接线方式是怎样的? 3. 单相电子式电能表的安装要求是怎样的?	提出问题，分别请3位学生作答。（5 min左右）	思考并回答问题。
【教学引入】 单相电能表在生活和生产中被大量使用。本节课我们将进行单相电能表接线和测量电路的电能实训。 【讲授新课】 **一、实训内容及步骤** 1. 外观检查 2. 绘制单相电能表的接线图 3. 按照接线图进行接线 参照教材图7–1–12所示安装示意图接线，接线应安全可靠、布局合理，安装应符合从上到下、从左到右的原则。 4. 接线完毕 经检查无误后，在指导教师的监护下进行通电实训。 5. 清理场地并归置物品 **二、实训注意事项** 一定要检查电路连接是否正确，并经实训指导教师同意后方能进行通电实训。	利用实物和PPT授课。（55 min左右） 提示：充分利用本教材提供的微视频，结合讲课内容和实训要求展开授课。	听讲，做笔记，回答教师提问，观看教师的实物演示，加深对知识点的理解。 对新知识进行必要的记录。

教学过程与教学内容	教师活动	学生活动
三、实训测评 根据教材表 7-1-2 中的评分标准对实训进行测评，并将评分结果填入表中。 【课堂小结】 带领学生围绕以下问题，对本节课所学内容进行小结。 1. 单相电能表的接线方式是怎样的？ 2. 单相电能表的接线注意事项有哪些？	简明扼要地回顾本节课所学的知识要点，突出本节课的知识重点和难点。（10 min 左右）	听讲，做笔记。有问题可以现场提问。
【课后作业】 复习本次实训课的内容，了解单相电子式电能表的工作原理，并简述其各组成部分的作用。	着重点评上节课作业共性的问题。发布本节课的作业，提醒学生需要注意之处。（5 min 左右）	对照自己的习题册，若有问题可以课后咨询。

§7-2　三相电能的测量

<table>
<tr><td colspan="6">教案首页</td></tr>
<tr><td>序号</td><td>48</td><td>名称</td><td colspan="3">三相电能的测量</td></tr>
<tr><td colspan="3">授课班级</td><td colspan="2">授课日期</td><td>授课时数</td></tr>
<tr><td colspan="3"></td><td colspan="2">年　月　日</td><td>2</td></tr>
<tr><td colspan="3"></td><td colspan="2">年　月　日</td><td>2</td></tr>
<tr><td>教学目标</td><td colspan="5">通过本节课的教学，使学生达到以下要求：
1. 掌握三相三线和三相四线有功电能表的基本知识和接线方式。
2. 掌握三相三线和三相四线无功电能表的基本知识和接线方式。
3. 了解导轨式三相多功能表的接线方式和显示面板。</td></tr>
<tr><td>教学重、难点及解决办法</td><td colspan="5">重　　点：三相三线和三相四线无功电能表的基本知识和接线方式。
难　　点：三相三线和三相四线有功电能表的基本知识和接线方式。
解决办法：通过与单相电能表对比的学习方法，使学生了解三相电能表的由来，便于其更好地理解三相电能表的原理、接线，也要讲清楚有功功率和无功功率的区别以及相应电能表的使用场合和作用。</td></tr>
<tr><td>授课教具</td><td colspan="5">三相三线和三相四线有功电能表、三相三线和三相四线无功电能表、多媒体教学设备。</td></tr>
<tr><td>授课方法</td><td colspan="5">讲授法，直观演示法，实物展示法。</td></tr>
<tr><td>教学思路和建议</td><td colspan="5">三相电能的测量主要应用于企业生产，日常生活中应用较少，但是三相电能表的使用方法和接线方式与单相电能表测量的方法和接线方式类似，可以通过比较的学习方法，使学生了解三相电能表的原理，进而学习三相电能表的接线方式。</td></tr>
<tr><td>审批意见</td><td colspan="5">签字：
年　月　日</td></tr>
</table>

教学活动		
教学过程与教学内容	教师活动	学生活动
【课前准备】 1. 巡查教学环境。 2. 督促学生将手机关机，集中放入手机袋，统一保管。 3. 指导学生自查课堂学习材料的准备情况。 4. 考勤。	督促学生完成课前准备。（课前 2 min 内）	按要求完成课前准备。
【复习提问】 1. 单相电能表的接线方式是怎样的？ 2. 单相电能表的接线注意事项有哪些？	提出问题，分别请 2 位学生作答。（5 min 左右）	思考并回答问题。
【教学引入】 对于单相电能表，我们已经熟悉其接线方式和使用注意事项，那么三相电能又如何测量呢？	利用实物和 PPT 授课。（55 min 左右）	听讲，做笔记，回答教师提问，观看教师的实物演示，加深对知识点的理解。
【讲授新课】 三相电路有功电能的测量也可用一表法、两表法、三表法来实现。三相电能测量一般采用三相电能表，三相电能表是根据两表法或三表法的原理，把两个或三个单相电能表的测量机构组合在一只表壳内制成的。实际中，因为完全对称的三相电路很少，所以一表法在三相电能的测量中使用较少。	提示：可以采用直观演示、提问等方式进行。	对新知识进行必要的记录。
一、三相有功电能的测量 1. 三相三线有功电能的测量 三相三线有功电能表一般用于计量 50 Hz 电网中的三相三线交流有功电能，常用于企业、变电站或电厂，也可作为输配电或配网的自动化用表。 三相三线有功电能表的接线方式与两表法测量功率的接线方式相同。	提示：充分利用本教材提供的微视频，结合讲课内容和实训要求展开授课。	

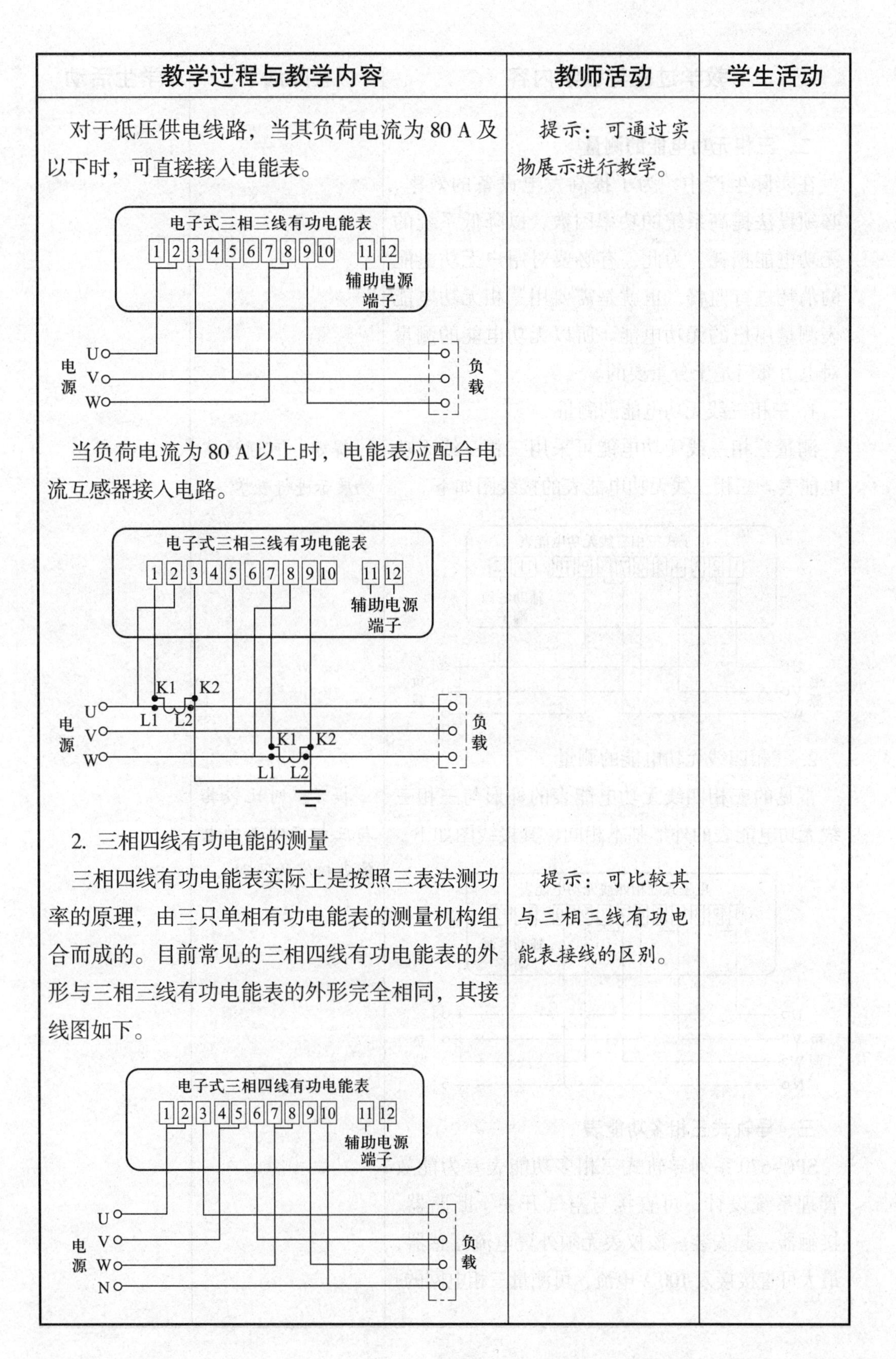

教学过程与教学内容	教师活动	学生活动
对于低压供电线路，当其负荷电流为 80 A 及以下时，可直接接入电能表。	提示：可通过实物展示进行教学。	
当负荷电流为 80 A 以上时，电能表应配合电流互感器接入电路。		
2. 三相四线有功电能的测量 三相四线有功电能表实际上是按照三表法测功率的原理，由三只单相有功电能表的测量机构组合而成的。目前常见的三相四线有功电能表的外形与三相三线有功电能表的外形完全相同，其接线图如下。	提示：可比较其与三相三线有功电能表接线的区别。	

教学过程与教学内容	教师活动	学生活动
二、三相无功电能的测量 在实际生产中，为了提高发电设备的效率，必须设法提高系统的功率因数，以降低系统的无功电能损耗。为此，有必要对用户无功电能的消耗进行监督，也就是需要用三相无功电能表测量用户的无功电能。所以无功电能的测量对电力部门是十分重要的。		
1. 三相三线无功电能的测量 测量三相三线无功电能可采用三相三线无功电能表。三相三线无功电能表的接线图如下。 电子式三相三线无功电能表 1 2 3 4 5 6 7 8 9 10 11 12 辅助电源端子 电源 U V W 负载	提示：可通过实物展示进行教学。	
2. 三相四线无功电能的测量 常见的三相四线无功电能表的外形与三相三线无功电能表的外形基本相同，其接线图如下。 电子式三相四线无功电能表 1 2 3 4 5 6 7 8 9 10 11 12 辅助电源端子 电源 U V W N 负载	提示：可比较其与三相三线无功电能表接线的区别。	
三、导轨式三相多功能表 SPC-670 系列导轨式三相多功能表专为能效管理系统设计，可直接与空气开关、断路器、接触器一起安装。该仪表无须外置电流互感器，最大可直接接入 100 A 电流，可测量三相电网的		

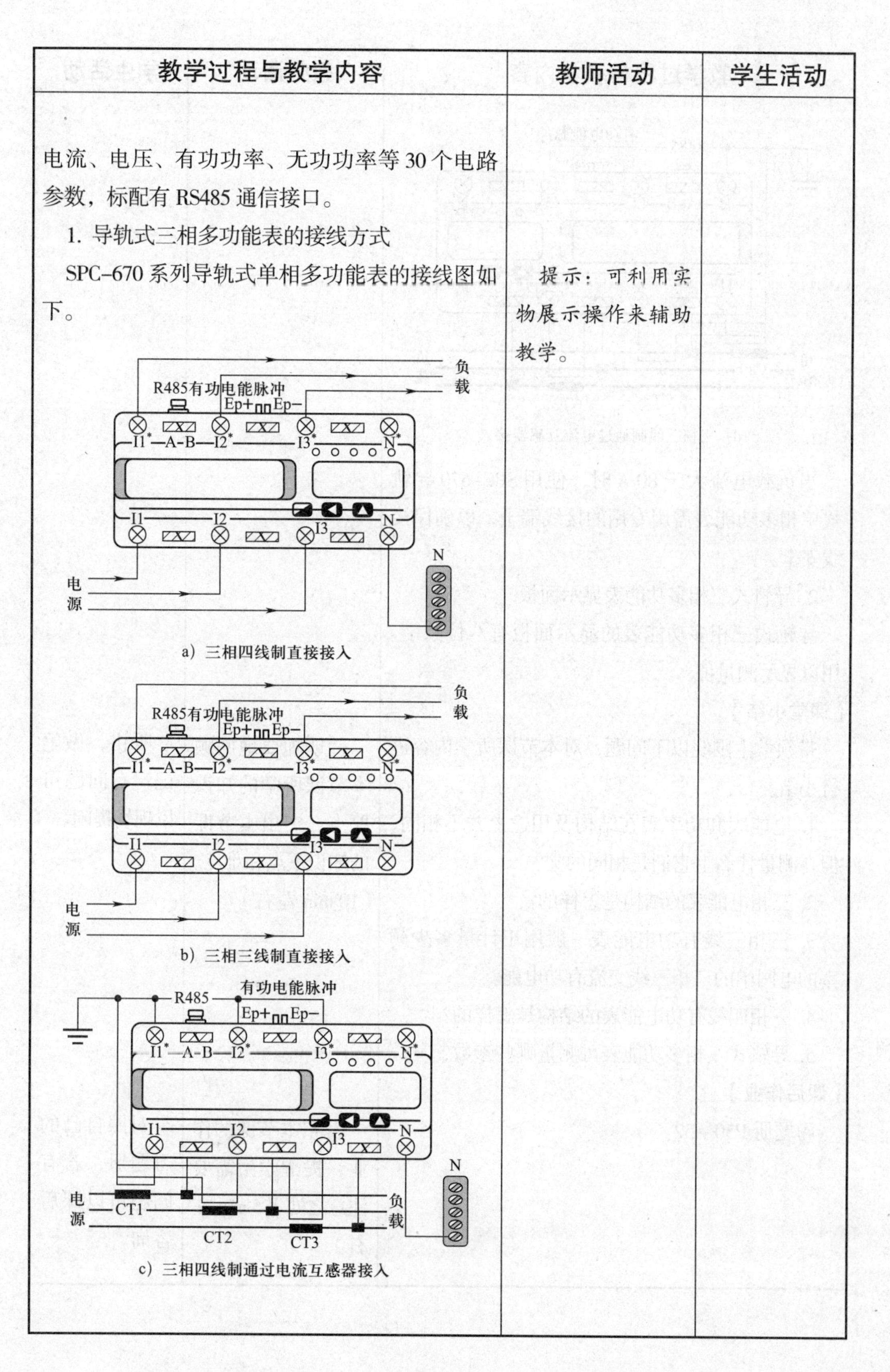

教学过程与教学内容	教师活动	学生活动
电流、电压、有功功率、无功功率等30个电路参数，标配有RS485通信接口。 1. 导轨式三相多功能表的接线方式 SPC-670系列导轨式单相多功能表的接线图如下。 a）三相四线制直接接入 b）三相三线制直接接入 c）三相四线制通过电流互感器接入	提示：可利用实物展示操作来辅助教学。	

教学过程与教学内容	教师活动	学生活动
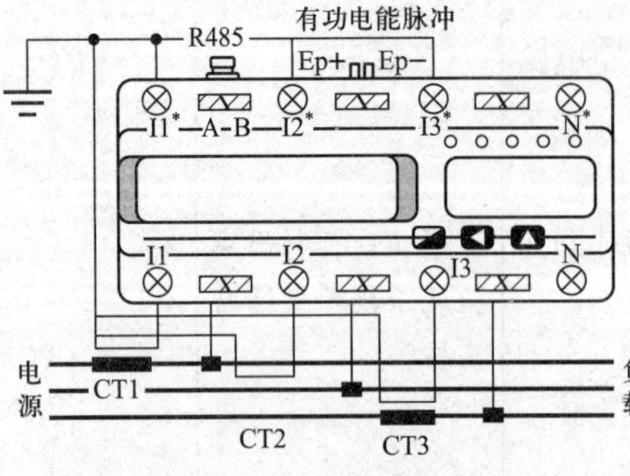 d）三相三线制通过电流互感器接入 当负载电流大于 80 A 时，使用 SPC–670 导轨式单相多功能表需用专用的接线端子，以确保接线安全。 2. 导轨式三相多功能表显示面板 导轨式三相多功能表的显示面板有八位数字，用以显示测量值。		
【课堂小结】 带领学生围绕以下问题，对本节课所学内容进行小结。 1. 电能表和功率表在结构及用途上并不相同，但在测量什么上它们是相同的呢？ 2. 三相电能表的结构是怎样的？ 3. 三相三线有功电能表一般用于计量多少频率的电网中的三相三线交流有功电能？ 4. 三相四线有功电能表的结构是怎样的？ 5. 导轨式三相多功能表可测量哪些参数？	简明扼要地回顾本节课所学的知识要点，突出本节课的知识重点和难点。（10 min 左右）	听讲，做笔记。有问题可以现场提问。
【课后作业】 习题册 P50 ~ 52。	发布本节课的作业，提醒学生需要注意之处。（5 min 左右）	对照自己的习题册，若有问题可以课后咨询。

实训 13 用三相电能表测量电路的电能

<table>
<tr><th colspan="4">教案首页</th></tr>
<tr><td>序号</td><td>49</td><td>名称</td><td colspan="2">用三相电能表测量电路的电能</td></tr>
<tr><td colspan="3">授课班级</td><td>授课日期</td><td>授课时数</td></tr>
<tr><td colspan="3"></td><td>年 月 日</td><td>2</td></tr>
<tr><td colspan="3"></td><td>年 月 日</td><td>2</td></tr>
<tr><td>教学目标</td><td colspan="4">通过本节课的教学，使学生达到以下要求：
1. 熟悉三相有功电能表的结构和使用方法。
2. 掌握用三相有功电能表计量电能的方法。</td></tr>
<tr><td>教学重、难点及解决办法</td><td colspan="4">重　　点：1. 三相有功电能表的结构和使用方法。
2. 三相有功电能表计量电能的方法。
难　　点：三相有功电能表接线的方法。
解决办法：通过演示和巡回指导，示范三相有功电能表的使用方法，演示仪表的实际接线操作，解决以上问题。</td></tr>
<tr><td>授课教具</td><td colspan="4">实训实验器材、多媒体教学设备。</td></tr>
<tr><td>授课方法</td><td colspan="4">讲授法，直观演示法，实验法。</td></tr>
<tr><td>教学思路和建议</td><td colspan="4">对于实训实验课程，首先分析实训实验的目的，其次介绍使用的实训实验器材，然后进行演示操作，最后由学生进行操作，教师巡回指导。只有这样，才能达到实训实验的目的。</td></tr>
<tr><td>审批意见</td><td colspan="4">签字：
年　月　日</td></tr>
</table>

教学活动		
教学过程与教学内容	教师活动	学生活动
【课前准备】 1. 巡查教学环境。 2. 督促学生将手机关机，集中放入手机袋，统一保管。 3. 指导学生自查课堂学习材料的准备情况。 4. 发放习题册。 5. 考勤。	督促学生完成课前准备。（课前2 min内）	按要求完成课前准备。
【复习提问】 1. 电能表和功率表的区别有哪些? 2. 三相有功电能表的构成是怎样的? 3. 三相无功电能表的作用是什么?	提出问题，分别请3位学生作答。（5 min左右）	思考并回答问题。
【教学引入】 三相电能表在企业生产中被大量使用。本节课我们将进行三相有功电能表接线和测量电路的电能实训。	利用实物和PPT授课。（55 min左右）	思考可以使用到三相有功电能表的场合。
【讲授新课】 一、实训内容及步骤 1. 外观检查 2. 绘制三相三线有功电能表和三相四线有功电能表的接线图 3. 按照接线图分别进行接线 接线应遵循安全可靠、布局合理的原则。 4. 接线完毕 检查无误后，在指导教师的监护下进行通电实训。 5. 清理场地并归置物品	提示：充分利用本教材提供的微视频，结合讲课内容和实训要求展开授课。	听讲，做笔记，回答教师提问，观看教师的实物演示，加深对知识点的理解，并对新知识进行必要的记录。

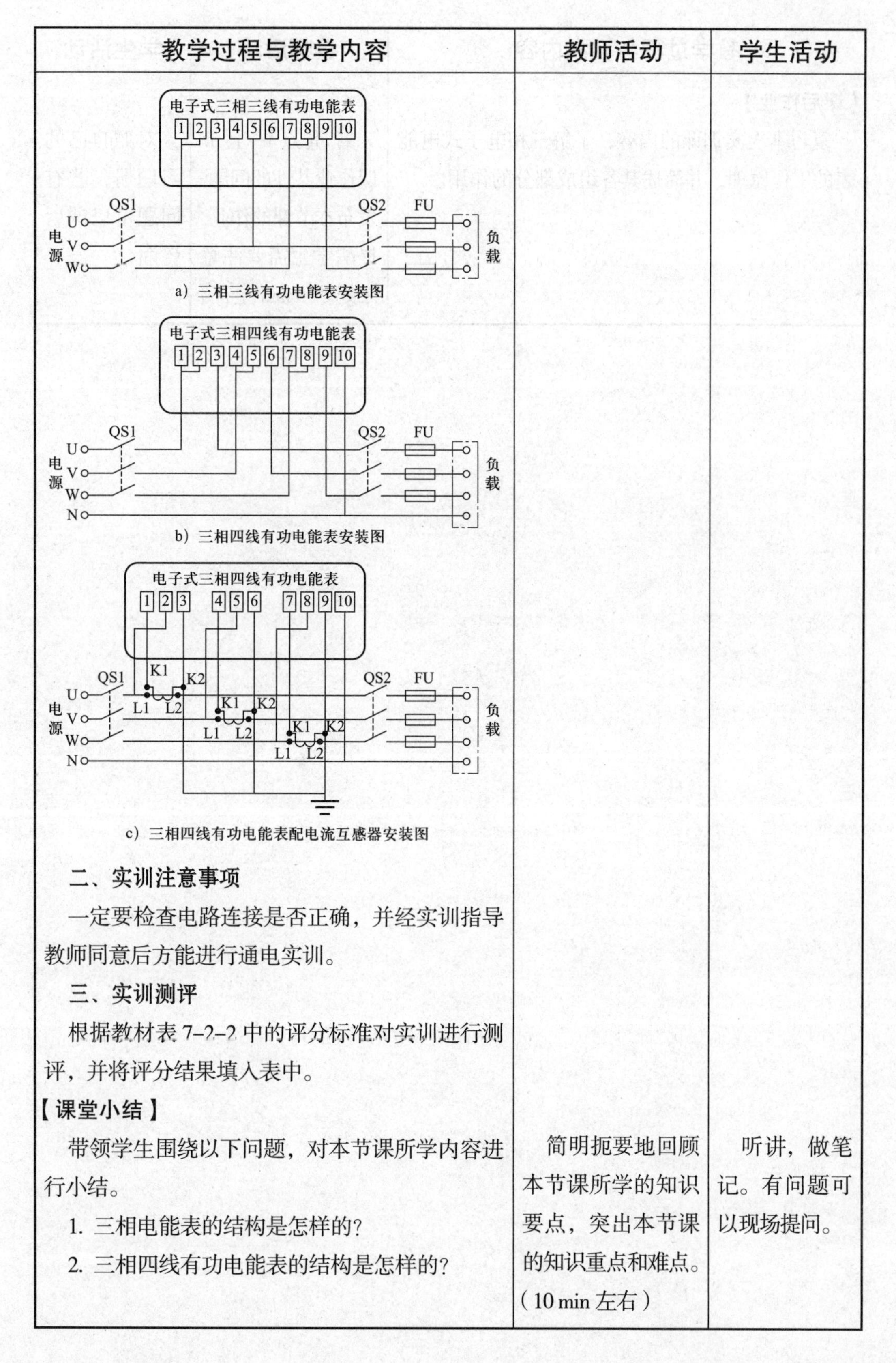

教学过程与教学内容	教师活动	学生活动
a）三相三线有功电能表安装图 b）三相四线有功电能表安装图 c）三相四线有功电能表配电流互感器安装图 **二、实训注意事项** 一定要检查电路连接是否正确，并经实训指导教师同意后方能进行通电实训。 **三、实训测评** 根据教材表 7–2–2 中的评分标准对实训进行测评，并将评分结果填入表中。		
【课堂小结】 带领学生围绕以下问题，对本节课所学内容进行小结。 1. 三相电能表的结构是怎样的？ 2. 三相四线有功电能表的结构是怎样的？	简明扼要地回顾本节课所学的知识要点，突出本节课的知识重点和难点。（10 min 左右）	听讲，做笔记。有问题可以现场提问。

教学过程与教学内容	教师活动	学生活动
【课后作业】 复习本次实训课的内容，了解三相电子式电能表的工作原理，并简述其各组成部分的作用。	着重点评上节课作业共性的问题。发布本节课的作业，提醒学生需要注意之处。（5 min 左右）	对照自己的习题册，若有问题可以课后咨询。

第八章
常用的电子仪器

§8-1 直流稳压电源 

<table>
<tr><td colspan="5">教案首页</td></tr>
<tr><td>序号</td><td>50</td><td>名称</td><td colspan="2">直流稳压电源</td></tr>
<tr><td colspan="3">授课班级</td><td>授课日期</td><td>授课时数</td></tr>
<tr><td colspan="3"></td><td>年　月　日</td><td>2</td></tr>
<tr><td colspan="3"></td><td>年　月　日</td><td>2</td></tr>
<tr><td>教学目标</td><td colspan="4">通过本节课的教学，使学生达到以下要求：
1. 了解直流稳压电源的结构组成和工作原理。
2. 熟练掌握直流稳压电源的使用方法。</td></tr>
<tr><td>教学重、难点及解决办法</td><td colspan="4">重　　点：直流稳压电源的结构组成和工作原理。
难　　点：直流稳压电源的使用方法。
解决办法：结合对电子技术中变压电路、整流电路、滤波电路和稳压电路的分析，引入直流稳压电源的作用和原理，结合示范操作，使学生理解直流稳压电源的使用方法。</td></tr>
<tr><td>授课教具</td><td colspan="4">直流稳压电源、多媒体教学设备。</td></tr>
<tr><td>授课方法</td><td colspan="4">讲授法，直观演示法，实物展示法。</td></tr>
<tr><td>教学思路和建议</td><td colspan="4">直流稳压电源能为负载提供稳定的直流电源，是电子实验中不可缺少的电子仪器。学生必须熟练掌握其使用方法和调试方法，方能为后续电子仪器的使用打下坚实的基础。</td></tr>
<tr><td>审批意见</td><td colspan="4">

签字：
年　月　日</td></tr>
</table>

教学活动		
教学过程与教学内容	教师活动	学生活动
【课前准备】 1. 巡查教学环境。 2. 督促学生将手机关机，集中放入手机袋，统一保管。 3. 指导学生自查课堂学习材料的准备情况。 4. 考勤。	督促学生完成课前准备。（课前2 min内）	按要求完成课前准备。
【复习提问】 1. 整流电路的作用是什么？ 2. 桥式整流电路的工作原理是什么？ 3. 滤波电路的作用是什么？	提出问题，分别请3位学生作答。（5 min左右）	思考并回答问题。
【教学引入】 电子仪器是指利用电子技术原理，由电子元器件构成的仪表、仪器及装置的总称。它种类繁多，用途和性能各异，我们将重点介绍电工常用的电子仪器。	利用实物和PPT授课。（55 min左右）	听讲，做笔记，回答教师提问，观看教师的实物演示，加深对知识点的理解。
【讲授新课】 直流稳压电源是为负载提供稳定直流电源的电子仪器。直流稳压电源的供电电源大都是交流供电电源，当交流供电电源的电压或负载电阻变化时，直流稳压电源的直流输出电压会一直保持稳定。 根据仪器中调整管的工作状态，常把直流稳压电源分为线性直流稳压电源和开关直流稳压电源，其中，线性直流稳压电源是指调整管工作在线性状态下的直流稳压电源。 **一、直流稳压电源的组成和工作原理** 直流稳压电源是一种将220 V工频交流电转换成恒定的直流电的装置，它一般由变压、整流、滤波、稳压四个主要环节组成。	提示：可以采用直观演示、提问等方式进行。 提示：充分利用本教材提供的微视频，结合讲课内容和实训要求展开授课。	对新知识进行必要的记录。

教学过程与教学内容	教师活动	学生活动
1. 直流稳压电源的组成 （1）电源变压器 （2）整流电路 （3）滤波电路 （4）稳压电路 2. 直流稳压电源的工作原理 常用的直流稳压电源电路如教材图 8–1–3 所示。 交流电源经过电源变压器降压、桥式整流电路整流、电容滤波电路滤波后成为恒定的直流电。除以上电路外的部分是起电压调节、稳定作用的稳压电路。稳压电路通过对输出电压实时采样，并对采样电压进行负反馈，来调节输出管的动态电阻和压降，从而使输出电压保持稳定。 **二、直流稳压电源的使用** UTP3305 型直流稳压电源是一款双路可调输出、一路固定输出的三路线性直流稳压电源，具有跟踪、恒压、恒流、串联、并联输出，温控散热，过压过流保护等功能。 1. 直流稳压电源的结构 2. 直流稳压电源的使用 （1）准备工作 使用 UTP3305 型直流稳压电源，应将其电流旋钮顺时针旋转至最大，再按下电源开关按键，这时，LCD 显示屏和 CV 指示灯点亮，逆时针旋转电压旋钮至最小，确保输出电压为 0，然后再顺时针旋转至最大，确保输出电压为最大值。按下“OUTPUT”按键，逆时针旋转电流旋钮至最小，再顺时针旋转至最大，确保电流值能从 0 增大到额定值，然后方能连接负载。 （2）恒压操作	提示：可通过复习电子技术基础中的变压电路、整流电路、滤波电路和稳压电路内容，加深学生对直流稳压电源的认知。 提示：可通过实物操作，边操作边讲解。	

教学过程与教学内容	教师活动	学生活动
按下电源开关按键，LCD 显示屏和 CV 指示灯点亮，调节电压旋钮以输出电压（输出端开路）。调节电流旋钮至最大输出电流（电流限制）来作为确定的负载条件。 （3）恒流操作 逆时针旋转电流旋钮到最小，确保输出电流为 0，然后按下电源开关按键，LCD 显示屏和 CV 指示灯点亮。调节电压旋钮（无负载连接）至最大输出电压（电压限制）来作为确定的负载条件。 （4）独立 / 跟踪工作模式 独立 / 跟踪（串联或并联）工作模式是通过独立 / 跟踪的两个按键开关来实现的。 其具体实现的功能如下： 1）当两个按键都处于 OFF 状态时，电源是独立模式，CH1（主）、CH2（从）两路电源彼此完全独立。 2）当上面的按键开关处于 ON 状态，下面的按键开关处于 OFF 状态时，电源是串联跟踪模式。最大电压的设置由 CH1 路电源控制（CH2 路电源的输出电压跟踪 CH1 路电源的输出电压）。 3）当两个按键开关都处于 ON 状态时，电源是并联跟踪模式。CH1 和 CH2 两路电源的输出是并联的（正极对正极，负极对负极），电流和电压的设置都由 CH1 路电源控制，电源可以提供从 0 到两倍额定值的电流，提供从 0 到额定值的电压。 3. 直流稳压电源的维护		
【课堂小结】 带领学生围绕以下问题，对本节课所学内容进行小结。	简明扼要地回顾本节课所学的知	听讲，做笔记。有问题可

教学过程与教学内容	教师活动	学生活动
1. 直流稳压电源可分为哪几类？ 2. 直流稳压电源的组成是怎样的？ 3. 直流稳压电源的工作原理是什么？ 4. 直流稳压电源使用前的准备工作有哪些？ 5. 直流稳压电源的使用分为哪几个步骤？ 【课后作业】 习题册 P53 ~ 55。	识要点，突出本节课的知识重点和难点。（10 min 左右） 发布本节课的作业，提醒学生需要注意之处。（5 min 左右）	以现场提问。 对照自己的习题册，若有问题可以课后咨询。

实训 14 直流稳压电源的使用

<table>
<tr><td colspan="6">教案首页</td></tr>
<tr><td>序号</td><td>51</td><td>名称</td><td colspan="3">直流稳压电源的使用</td></tr>
<tr><td colspan="3">授课班级</td><td colspan="2">授课日期</td><td>授课时数</td></tr>
<tr><td colspan="3"></td><td colspan="2">年 月 日</td><td>2</td></tr>
<tr><td colspan="3"></td><td colspan="2">年 月 日</td><td>2</td></tr>
<tr><td>教学目标</td><td colspan="5">通过本节课的教学，使学生达到以下要求：
1. 熟悉直流稳压电源的结构和作用。
2. 熟练使用直流稳压电源。</td></tr>
<tr><td>教学重、难点及解决办法</td><td colspan="5">重　　点：直流稳压电源的结构和作用。
难　　点：直流稳压电源的使用方法。
解决办法：通过演示和巡回指导，示范使用直流稳压电源的方法和步骤，演示实际接线操作，解决以上问题。</td></tr>
<tr><td>授课教具</td><td colspan="5">实训实验器材、多媒体教学设备。</td></tr>
<tr><td>授课方法</td><td colspan="5">讲授法，直观演示法，实验法。</td></tr>
<tr><td>教学思路和建议</td><td colspan="5">对于实训实验课程，首先分析实训实验的目的，其次介绍使用的实训实验器材，然后进行演示操作，最后由学生进行操作，教师巡回指导。只有这样，才能达到实训实验的目的。</td></tr>
<tr><td>审批意见</td><td colspan="5">签字：
年 月 日</td></tr>
</table>

教学活动		
教学过程与教学内容	教师活动	学生活动
【课前准备】 1. 巡查教学环境。 2. 督促学生将手机关机，集中放入手机袋，统一保管。 3. 指导学生自查课堂学习材料的准备情况。 4. 发放习题册。 5. 考勤。	督促学生完成课前准备。（课前2 min内）	按要求完成课前准备。
【复习提问】 1. 直流稳压电源的组成是怎样的？ 2. 直流稳压电源的工作原理是什么？ 3. 直流稳压电源使用前的准备工作有哪些？	提出问题，分别请3位学生作答。（5 min左右）	思考并回答问题。
【教学引入】 在哪些场合下需要使用直流稳压电源？	利用实物和PPT授课。（55 min左右）	听讲，做笔记，回答教师提问，观看教师的实物演示，加深对知识点的理解。
【讲授新课】 **一、实训内容及步骤** 1. 外观检查 2. 使用直流稳压电源 按照直流稳压电源的使用方法进行操作。 3. 测量电路参数 按教材图8-1-6所示实训电路接线。使用直流稳压电源给该电路供电，用数字式万用表测量该电路的参数，并填入教材表8-1-2中。 4. 清理场地并归置物品 **二、实训注意事项** 一定要检查电路连接是否正确，并经实训指导教师同意后方能进行通电实训。	提示：充分利用本教材提供的微视频，结合讲课内容和实训要求展开授课。	对新知识进行必要的记录。

教学过程与教学内容	教师活动	学生活动
三、实训测评 根据教材表 8-1-3 中的评分标准对实训进行测评，并将评分结果填入表中。 【课堂小结】 带领学生围绕以下问题，对本节课所学内容进行小结。 1. 直流稳压电源使用前的准备工作有哪些？ 2. 直流稳压电源的使用方法是什么？ 【课后作业】 复习本次实训课的内容，简述直流稳压电源的结构组成、工作原理和使用方法。	简明扼要地回顾本节课所学的知识要点，突出本节课的知识重点和难点。（10 min 左右） 着重点评上节课作业共性的问题。发布本节课的作业，提醒学生需要注意之处。（5 min 左右）	听讲，做笔记。有问题可以现场提问。 对照自己的习题册，若有问题可以课后咨询。

§8-2　函数信号发生器

<table>
<tr><td colspan="5">教案首页</td></tr>
<tr><td>序号</td><td>52</td><td>名称</td><td colspan="2">函数信号发生器</td></tr>
<tr><td colspan="3">授课班级</td><td>授课日期</td><td>授课时数</td></tr>
<tr><td colspan="3"></td><td>年　月　日</td><td>2</td></tr>
<tr><td colspan="3"></td><td>年　月　日</td><td>2</td></tr>
<tr><td>教学目标</td><td colspan="4">通过本节课的教学，使学生达到以下要求：
1. 了解函数信号发生器的结构组成。
2. 熟练掌握函数信号发生器的使用方法。</td></tr>
<tr><td>教学重、难点及解决办法</td><td colspan="4">重　　点：函数信号发生器的结构组成。
难　　点：函数信号发生器的使用方法。
解决办法：结合函数信号发生器实物，分析其结构组成，讲解其使用方法，通过示范演示，解决以上重、难点。</td></tr>
<tr><td>授课教具</td><td colspan="4">函数信号发生器、多媒体教学设备。</td></tr>
<tr><td>授课方法</td><td colspan="4">讲授法，直观演示法，实物展示法。</td></tr>
<tr><td>教学思路和建议</td><td colspan="4">函数信号发生器为负载提供稳定的信号源，是电子实验中不可缺少的仪器。学生必须熟练掌握其使用方法和调试方法，为后续的实训操作和仪器使用打下坚实的基础。</td></tr>
<tr><td>审批意见</td><td colspan="4">

签字：
年　　月　　日</td></tr>
</table>

教学活动		
教学过程与教学内容	教师活动	学生活动
【课前准备】 1. 巡查教学环境。 2. 督促学生将手机关机，集中放入手机袋，统一保管。 3. 指导学生自查课堂学习材料的准备情况。 4. 考勤。	督促学生完成课前准备。（课前2 min内）	按要求完成课前准备。
【复习提问】 1. 直流稳压电源的组成是怎样的？ 2. 直流稳压电源使用前的准备工作有哪些？ 3. 直流稳压电源的使用方法是什么？	提出问题，分别请3位学生作答。（5 min左右）	思考并回答问题。
【教学引入】 函数信号发生器实际上是一种多波形信号源，一般能产生正弦波、方波和三角波，有的还可以产生锯齿波、矩形波、正负脉冲、半正弦波等波形，因其输出波形都能用数学函数来描述而得名。 函数信号发生器主要供电气设备或电子线路的调试及维修使用。	利用实物和PPT授课。（55 min左右） 提示：可以采用直观演示、提问等方式进行。	听讲，做笔记，回答教师提问，观看教师的实物演示，加深对知识点的理解。
【讲授新课】 一、函数信号发生器 1. 函数信号发生器的组成和原理 （1）电路组成 函数信号发生器的电路组成有多种形式，常见的电路组成如下。 基本波形发生电路：基本波形可以由RC振荡器、文氏电桥振荡器或压控振荡器等电路产生。 波形转换电路：基本波形通过矩形波整形电路、正弦波整形电路、三角波整形电路可以转换为方波、正弦波、三角波。	提示：充分利用本教材提供的微视频，结合讲课内容和实训要求展开授课。	对新知识进行必要的记录。

<table>
<tr><th>教学过程与教学内容</th><th>教师活动</th><th>学生活动</th></tr>
<tr><td>放大电路：将波形转换电路输出的波形信号放大。
可调衰减器电路：对仪器输出信号进行20 dB、40 dB或60 dB衰减处理，输出各种幅度的函数信号。
（2）工作原理
常用的函数信号发生器大多由晶体管构成，一般采用恒流充、放电的原理来产生三角波，同时产生方波，另外，将三角波通过波形变换电路，就产生了正弦波，然后正弦波、三角波、方波经函数开关转换并由功率放大器放大后输出。
2. 函数信号发生器的结构
LCD显示屏 功能按键 多功能旋钮 方向键 菜单操作软键 数字键盘 CH1/CH2控制输出键
a）前面板
电源开关键 USB接口 DC电源输入端 同步输出端/频率计输入端 通道CH1输出 通道CH2输出
b）左右面板</td><td>提示：可展示实物来进行讲解。</td><td></td></tr>
</table>

教学过程与教学内容	教师活动	学生活动
3. LCD 显示屏 CH1 通道　CH2 通道 CH1 50Ω　CH2 50Ω 频率 1,000,000,00 kHz 幅度 100 mVpp 偏移 0 mV 相位 0.00° 正弦波　方波　脉冲波　斜波　任意波　下一页 波形参数列表　波形显示区 软键标签 **二、函数信号发生器的使用** 1. 准备工作 使用 UTG962 型函数信号发生器前应检查附件是否齐全，包括电源适配器一个、BNC 电缆一根、BNC 转鳄鱼夹传输线一根。 2. 基本波形的输出 （1）输出频率的设置 （2）输出幅度的设置 （3）DC 偏移电压的设置 （4）相位的设置 （5）脉冲波占空比的设置 （6）斜波对称度的设置 （7）直流电压的设置 （8）噪声波的设置 3. 辅助功能的设置 辅助功能（Utility）可对通道、频率计、系统等进行设置和查看。 **三、函数信号发生器的维护** 仪器在使用过程中可能会出现故障，可按照以下步骤进行处理，如不能处理，可以与仪器生产厂家联系，并提供仪器的设备信息。 1. 屏幕无显示（黑屏） （1）检查是否有电。 （2）检查电源是否接好。	提示：可通过实物操作，边操作边讲解。	

教学过程与教学内容	教师活动	学生活动
（3）检查后面板的电源开关是否接好并置于“I”位置。 （4）检查前面板的电源开关是否打开。 （5）重新启动仪器。 2. 无波形输出（设置正确但没有波形输出） （1）检查 BNC 电缆与通道输出端是否正确连接。 （2）检查按键“CH1”或“CH2”是否按下。		
【课堂小结】 带领学生围绕以下问题，对本节课所学内容进行小结。 1. 函数信号发生器一般能产生哪些波形？ 2. 函数信号发生器的电路组成有哪些？ 3. 函数信号发生器的三角波、方波、正弦波有何种关系？ 4. 函数信号发生器的输出频率、输出幅度、相位、占空比等的设置方法是什么？	简明扼要地回顾本节课所学的知识要点，突出本节课的知识重点和难点。（10 min 左右）	听讲，做笔记。有问题可以现场提问。
【课后作业】 习题册 P55 ~ 57。	发布本节课的作业，提醒学生需要注意之处。（5 min 左右）	对照自己的习题册，若有问题可以课后咨询。

§8-3 模拟示波器

<table>
<tr><td colspan="5">教案首页</td></tr>
<tr><td>序号</td><td>53</td><td>名称</td><td colspan="2">模拟示波器 1</td></tr>
<tr><td colspan="3">授课班级</td><td>授课日期</td><td>授课时数</td></tr>
<tr><td colspan="3"></td><td>年　月　日</td><td>2</td></tr>
<tr><td colspan="3"></td><td>年　月　日</td><td>2</td></tr>
<tr><td>教学目标</td><td colspan="4">通过本节课的教学，使学生达到以下要求：
1. 了解模拟示波器的基本原理。
2. 熟悉模拟双踪示波器的探头和校准信号发生器的使用方法。</td></tr>
<tr><td>教学重、难点及解决办法</td><td colspan="4">重　点：模拟示波器的基本原理。
难　点：模拟双踪示波器的探头和校准信号发生器的使用方法。
解决办法：结合模拟双踪示波器实物，分析其结构组成，着重分析其特有的部分，通过实物展示和示范演示，解决以上重、难点。</td></tr>
<tr><td>授课教具</td><td colspan="4">模拟双踪示波器、多媒体教学设备。</td></tr>
<tr><td>授课方法</td><td colspan="4">讲授法，直观演示法，实物展示法。</td></tr>
<tr><td>教学思路和建议</td><td colspan="4">示波器在电工电子测量中占有重要的位置。模拟示波器的应用范围日渐缩小，数字示波器的应用较为广泛，它们的使用方法和测量方法类似。</td></tr>
<tr><td>审批意见</td><td colspan="4">签字：
年　月　日</td></tr>
</table>

教学活动		
教学过程与教学内容	教师活动	学生活动
【课前准备】 1. 巡查教学环境。 2. 督促学生将手机关机，集中放入手机袋，统一保管。 3. 指导学生自查课堂学习材料的准备情况。 4. 发放习题册。 5. 考勤。	督促学生完成课前准备。（课前2 min内）	按要求完成课前准备。
【复习提问】 1. 函数信号发生器一般能产生哪些波形？ 2. 函数信号发生器的电路组成有哪些？ 3. 函数信号发生器的三角波、方波、正弦波有何种关系？	提出问题，分别请3位学生作答。（5 min左右）	思考并回答问题。
【教学引入】 示波器是一种被用来测量电信号或脉冲信号的仪器，它能把肉眼无法看见的电信号变换成看得见的图像，以便于人们研究各种电现象的变化过程，是一种用途十分广泛的电子测量仪器。 利用示波器能观察各种不同信号幅度的波形曲线，还可以测试各种不同的电路参数，如电压、电流、频率、相位差、调幅度等。 常用的示波器可分为模拟示波器和数字示波器两大类。	利用实物和PPT授课。（55 min左右） 提示：可以采用直观演示、提问等方式进行。	听讲，做笔记，回答教师提问，观看教师的实物演示，加深对知识点的理解。
【讲授新课】 模拟示波器是一种能够直接显示电压（或电流）变化波形的电子仪器。通过模拟示波器不仅可以直观地观察被测电信号随时间变化的全过程，还可以利用显示的波形测量电压（或电流）的有关参数。		
一、示波器的组成和原理 1. 普通示波器的组成和原理 普通示波器主要由示波管、Y轴偏转系统、X轴	提示：充分利用本教材提供的微视	对新知识进行必要的记录。

<table>
<tr><th>教学过程与教学内容</th><th>教师活动</th><th>学生活动</th></tr>
<tr><td>偏转系统、扫描及整步系统和电源五部分组成，其基本工作框图如教材图 8–3–1 所示。
模拟示波器的工作方式是先由模拟电路的电子枪向屏幕发射电子，发射的电子经聚焦形成电子束，并打到屏幕上，屏幕的内表面涂有荧光物质，这样电子束打中的点就会发出光来。在被测信号的连续作用下，电子束就像一支笔的笔尖，可以在屏幕上描绘出被测信号瞬时值的变化曲线。
2. 双踪示波器的特有部分
双踪示波器除了具有普通示波器的组成部分外，还具有自己特有的组成部分。
（1）探头
探头是连接示波器外部的一个输入电路部件。探头的作用是提高垂直通道的输入电阻、减小输入电容，从而减小杂散信号对被测信号的影响。此外，探头还具有分压作用，被测信号通过探头可以产生 10 : 1 的衰减，从而达到扩大量程的目的。
（2）校准信号发生器
校准信号发生器的作用是产生频率为 1 kHz、幅度为 0.5 V_{P-P} 的标准方波电压。校准信号发生器的电路主要由一个射极耦合多谐振荡器构成，其输出经限幅、放大，然后由射极跟随器的射极分压后产生标准方波。
3. 双踪示波器的原理
双踪示波器的垂直系统和普通示波器相比，主要的区别是它设有两个 Y 轴通道，还增加了电子开关和门电路。被测的两个信号由 Y 轴的两个通道 CH1 和 CH2 分别输入，经各自的探头、衰减器、前置放大器处理后送入各自的门电路（CH1 门电路和 CH2 门电路），门电路受电子开关的控</td><td>频，结合讲课内容和实训要求展开授课。

提示：可通过实物展示进行教学。

提示：可通过实物展示进行教学。</td><td></td></tr>
</table>

教学过程与教学内容	教师活动	学生活动
制轮流打开，使两个被测信号轮流被送入延迟电路和 Y 轴后置放大器，最后送到示波管的 Y 轴偏转板上，实现电子束在垂直方向上的偏转。 CH1输入 → 衰减器 → 前置放大器 → CH1门电路 → 延迟电路 → 后置放大器 → 显像管Y偏转板 电子开关 CH2输入 → 衰减器 → 前置放大器 → CH2门电路		
电子开关（Y工作方式）有“交替”“断续”“CH1”“CH2”和“CH1+CH2”五种工作状态。	提示：可通过实物展示进行教学。	
【课堂小结】 带领学生围绕以下问题，对本节课所学内容进行小结。 1. 什么是示波器？ 2. 什么是双踪示波器？ 3. 示波器探头的作用是什么？ 4. 示波器校准信号发生器的作用是什么？ 5. 电子开关的工作状态有几种？	简明扼要地回顾本节课所学的知识要点，突出本节课的知识重点和难点。（10 min 左右）	听讲，做笔记。有问题可以现场提问。
【课后作业】 习题册 P57 ~ 58　一、1 ~ 6　四、1	着重点评上节课作业共性的问题。发布本节课的作业，提醒学生需要注意之处。（5 min 左右）	对照自己的习题册，若有问题可以课后咨询。

<table>
<tr><th colspan="6">教案首页</th></tr>
<tr><td>序号</td><td>54</td><td>名称</td><td colspan="3">模拟示波器 2</td></tr>
<tr><td colspan="3">授课班级</td><td colspan="2">授课日期</td><td>授课时数</td></tr>
<tr><td colspan="3"></td><td colspan="2">年　月　日</td><td>2</td></tr>
<tr><td colspan="3"></td><td colspan="2">年　月　日</td><td>2</td></tr>
<tr><td>教学目标</td><td colspan="5">通过本节课的教学，使学生达到以下要求：
1. 熟练掌握模拟双踪示波器的使用方法。
2. 掌握模拟双踪示波器的维护方法。</td></tr>
<tr><td>教学重、难点及解决办法</td><td colspan="5">重　　点：模拟双踪示波器的维护方法。
难　　点：模拟双踪示波器的使用方法。
解决办法：结合模拟双踪示波器实物，着重分析其测量使用的方法和步骤，通过实物展示和示范演示，解决以上重、难点。</td></tr>
<tr><td>授课教具</td><td colspan="5">模拟双踪示波器、多媒体教学设备。</td></tr>
<tr><td>授课方法</td><td colspan="5">讲授法，直观演示法，实物展示法。</td></tr>
<tr><td>教学思路和建议</td><td colspan="5">示波器在电工电子测量中占有重要的位置。模拟示波器的应用范围日渐缩小，数字示波器的应用较为广泛，它们的使用方法和测量方法类似。学生掌握模拟示波器的测量方法，在今后工作学习中遇到其他示波器，也能得心应手。</td></tr>
<tr><td>审批意见</td><td colspan="5">签字：
年　月　日</td></tr>
</table>

教学活动		
教学过程与教学内容	教师活动	学生活动
【课前准备】 1. 巡查教学环境。 2. 督促学生将手机关机，集中放入手机袋，统一保管。 3. 指导学生自查课堂学习材料的准备情况。 4. 发放习题册。 5. 考勤。	督促学生完成课前准备。（课前2 min内）	按要求完成课前准备。
【复习提问】 1. 什么是双踪示波器？ 2. 示波器探头的作用是什么？ 3. 示波器校准信号发生器的作用是什么？ 4. 电子开关的工作状态有几种？	提出问题，分别请4位学生作答。（5 min左右）	思考并回答问题。
【教学引入】 双踪示波器即能在同一屏幕上同时显示两个被测波形的示波器。双踪示波器通常用电子开关控制两个被测信号，并将它们不断交替地送入普通示波管中进行轮流显示。	利用实物和PPT授课。（55 min左右） 提示：可以采用直观演示、提问等方式进行。	听讲，做笔记，回答教师提问，观看教师的实物演示，加深对知识点的理解。
【讲授新课】 **二、模拟双踪示波器的使用方法** 1. XC4320型双踪示波器的面板 （1）电源部分 电源开关——示波器主电源开关。 辉度旋钮——控制光点和扫描线亮度。 聚焦旋钮——调整扫描线的清晰度。 光迹旋转旋钮——调整水平扫描线，使之与水平刻度线平行。 （2）垂直系统部分 CH1（X）——Y1的垂直输入端，在X-Y工作方式时作为X轴输入端。	提示：充分利用本教材提供的微视频，结合讲课内容和实训要求展开授课。 提示：可通过实物操作，边操作边讲解。	对新知识进行必要的记录。

教学过程与教学内容	教师活动	学生活动
CH2（Y）——Y2 的垂直输入端，在 X–Y 工作方式时作为 Y 轴输入端。 耦合选择开关（AC–GND–DC）——AC 为交流耦合；GND 为放大器的输入端接地；DC 为直流耦合。 V/Div——衰减器旋钮。 微调——偏转因数微调。 CH1 位移和 CH2 位移——调节扫描线或光点的垂直位置。 Y 方式——由五个按键开关组成，用于选择垂直系统的工作方式。 （3）水平系统部分 T/Div——扫描时间因数选择旋钮。 微调——扫描微调。 水平位移——调节扫描线或光点的水平位置。 （4）触发部分 触发方式开关——由三个按键开关组成，用于选择触发信号。 电平——调节触发电平的大小。 自动电平方式——由三个按键开关组成，用于选择所需的扫描方式。 （5）0.5 V_{P-P} 输出频率为 1 kHz 的校准电压信号（0.5 V_{P-P} 的方波电压），供校准仪器用。 2. XC4320 型双踪示波器的使用方法 （1）测量前的准备工作 1）设置开关及旋钮位置。 2）打开电源，调节辉度和聚焦旋钮，使扫描基线清晰度良好。 3）一般情况下，应将垂直微调和扫描微调旋钮置于“校准”位置，以便读取 V/Div 和 T/Div 的数值。	提示：可通过实物操作，边操作边讲解。	

教学过程与教学内容	教师活动	学生活动
4）调节 CH1 垂直移位。 5）校准探头。 （2）测量信号的方法和步骤 1）将被测信号输入示波器通道输入端。 2）按照被测信号参数测量方法的不同，选择各旋钮的位置，使信号正常显示在荧光屏上，记录测量的读数或波形。 3）根据记录的读数进行分析、运算和处理，得到测量结果。 **三、模拟双踪示波器的维护** 1. 双踪示波器的使用注意事项 （1）仪器通电前检查供电电源是否符合要求。 （2）为了保护荧光屏不被灼伤，使用双踪示波器时，光点亮度不能太强，而且也不能使光点长时间停留在荧光屏的同一位置。 （3）双踪示波器上所有开关与旋钮都有一定强度与调节角度。在使用前，应掌握所使用的双踪示波器面板上各旋钮的作用。 2. 双踪示波器的存放条件 （1）双踪示波器在日常使用时，应保持干燥和清洁。 （2）在搬运双踪示波器的过程中，应轻拿轻放，避免剧烈振动，以免损坏示波器。	提示：可通过实物操作，边操作边讲解。	
【课堂小结】 带领学生围绕以下问题，对本节课所学内容进行小结。 1. 双踪示波器中辉度旋钮和聚焦旋钮的作用是什么？ 2. 双踪示波器中耦合选择开关的作用是什么？ 3. 双踪示波器中 Y 方式有哪几种？ 4. 双踪示波器如何校准探头？	简明扼要地回顾本节课所学的知识要点，突出本节课的知识重点和难点。（10 min 左右）	听讲，做笔记。有问题可以现场提问。

教学过程与教学内容	教师活动	学生活动
【课后作业】 习题册 P57～60　一、7～9　二、1～3 三、1～4　四、2～4 五	着重点评上节课作业共性的问题。发布本节课的作业，提醒学生需要注意之处。（5 min 左右）	对照自己的习题册，若有问题可以课后咨询。

§8-4　数字示波器

<table>
<tr><td colspan="4">教案首页</td></tr>
<tr><td>序号</td><td>55</td><td>名称</td><td colspan="2">数字示波器 1</td></tr>
<tr><td colspan="2">授课班级</td><td colspan="2">授课日期</td><td>授课时数</td></tr>
<tr><td colspan="2"></td><td colspan="2">年　月　日</td><td>2</td></tr>
<tr><td colspan="2"></td><td colspan="2">年　月　日</td><td>2</td></tr>
<tr><td>教学目标</td><td colspan="4">通过本节课的教学，使学生达到以下要求：
1. 了解数字示波器的组成和工作原理。
2. 熟练掌握数字示波器的使用和维护方法。</td></tr>
<tr><td>教学重、难点及解决办法</td><td colspan="4">重　　点：数字示波器的组成和工作原理。
难　　点：数字示波器的使用和维护方法。
解决办法：对于数字示波器，主要讲解其结构组成和使用方法，学生在熟练使用模拟双踪示波器的基础上，较容易掌握数字示波器的使用方法。但是，对于一些数字示波器特有的按键和使用方法，教师必须做好演示，将其讲透、讲清。</td></tr>
<tr><td>授课教具</td><td colspan="4">数字示波器、多媒体教学设备。</td></tr>
<tr><td>授课方法</td><td colspan="4">讲授法，直观演示法，实物展示法。</td></tr>
<tr><td>教学思路和建议</td><td colspan="4">作为电气工程人员，使用数字示波器是其必须掌握的基本技能。对于数字示波器的使用，首先要讲清其面板的结构组成和各按键的作用，其次通过演示的方法，带领学生操作示波器，以达到教学的目标。</td></tr>
<tr><td>审批意见</td><td colspan="4">签字：
年　月　日</td></tr>
</table>

教学活动		
教学过程与教学内容	教师活动	学生活动
【课前准备】 1. 巡查教学环境。 2. 督促学生将手机关机，集中放入手机袋，统一保管。 3. 指导学生自查课堂学习材料的准备情况。 4. 发放习题册。 5. 考勤。	督促学生完成课前准备。（课前2 min内）	按要求完成课前准备。
【复习提问】 1. 双踪示波器中耦合选择开关的作用是什么？ 2. 双踪示波器中Y方式有哪几种？ 3. 双踪示波器如何校准探头？	提出问题，分别请3位学生作答。（5 min左右）	思考并回答问题。
【教学引入】 数字示波器是运用数据采集、A/D转换、软件编程等技术制造的高性能智能示波器。 数字示波器与模拟示波器的不同之处在于，数字示波器在信号进入后立刻通过高速A/D转换器对模拟信号前端采样，存储其数字化信号，并利用数字信号处理技术对存储的数据进行实时快速处理，得到信号的波形及参数，最终通过LCD显示屏显示。	利用实物和PPT授课。（55 min左右） 提示：可以采用直观演示、提问等方式进行。	听讲，做笔记，回答教师提问，观看教师的实物演示，加深对知识点的理解。
【讲授新课】 **一、数字示波器的组成和工作原理** 1. 数字示波器的组成 UTD2102e型数字示波器有简单而功能明晰的前面板，以进行基本的操作。面板上包括旋钮和功能按键，旋钮的功能与其他数字示波器类似。显示屏右侧的一列按键为控制菜单软键（自上而下定义为F1～F5），通过它们可以设置当前菜单的不同选项；其他按键为功能键，通过它们可以进入不同的功能菜单或直接获得特定	提示：充分利用本教材提供的微视频，结合讲课内容和实训要求展开授课。	对新知识进行必要的记录。

教学过程与教学内容	教师活动	学生活动
的功能应用。 UTD2102e 型数字示波器的 LCD 显示屏上的显示项目与前面板的旋钮和功能按键一一对应，通过旋钮和功能按键可以分别调出需要显示的项目。 2. 数字示波器的工作原理 数字示波器的工作过程一般分为存储和显示两个阶段。在存储阶段，数字示波器首先对被测模拟信号进行采样和量化，将其经 A/D 转换器转换成数字信号后，依次存入 RAM 中。当采样频率足够高时，就可以实现信号的不失真存储。在显示阶段，微处理器对存储器中的数字化信号波形进行相应的处理，并显示在 LCD 显示屏上。 在 LCD 显示屏上显示的波形是由采集到的数据重建后的波形，而不是输入连接端上所加信号的直接波形。 **二、数字示波器的使用** 1. 基本使用 （1）功能检查 1）接通电源。 2）开机检查。 3）接入信号。数字示波器为双通道输入，另有一个外触发输入通道。 （2）探头补偿校正 在首次将探头与任一输入通道连接时，需要进行探头补偿校正，使探头与输入通道相配。未经补偿校正的探头会导致测量误差或错误。 （3）波形显示的设置 数字示波器具有自动设置波形显示的功能，可根据输入的信号自动调整至最合适的波形。应用自动设置的要求是被测信号的频率大于或等	提示：可通过展示实物进行教学。 提示：可通过实物操作，边操作边讲解。	

<table>
<tr><th>教学过程与教学内容</th><th>教师活动</th><th>学生活动</th></tr>
<tr><td>于 50 Hz，占空比大于 1%。
（4）垂直系统的初步设置
在垂直控制区有一系列的按键和旋钮。
（5）水平系统的初步设置
在水平控制区有一系列的按键和旋钮。
（6）触发系统的初步设置
在触发控制区有一个旋钮、三个按键以及 LCD 显示屏上显示的触发菜单。</td><td></td><td></td></tr>
<tr><td>【课堂小结】
带领学生围绕以下问题，对本节课所学内容进行小结。
1. 数字示波器与模拟示波器的不同之处是什么？
2. 数字示波器的工作过程是怎样的？
3. 数字示波器应用自动设置的要求是怎样的？</td><td>简明扼要地回顾本节课所学的知识要点，突出本节课的知识重点和难点。（10 min 左右）</td><td>听讲，做笔记。有问题可以现场提问。</td></tr>
<tr><td>【课后作业】
习题册 P60 ~ 61　一、1 ~ 3　二、1 ~ 2
三、1 ~ 2　四、1</td><td>着重点评上节课作业共性的问题。发布本节课的作业，提醒学生需要注意之处。（5 min 左右）</td><td>对照自己的习题册，若有问题可以课后咨询。</td></tr>
</table>

<table>
<tr><td colspan="6">教案首页</td></tr>
<tr><td>序号</td><td>56</td><td>名称</td><td colspan="3">数字示波器 2</td></tr>
<tr><td colspan="3">授课班级</td><td colspan="2">授课日期</td><td>授课时数</td></tr>
<tr><td colspan="3"></td><td colspan="2">年　月　日</td><td>2</td></tr>
<tr><td colspan="3"></td><td colspan="2">年　月　日</td><td>2</td></tr>
<tr><td>教学目标</td><td colspan="5">通过本节课的教学，使学生达到以下要求：
熟练掌握数字示波器的使用和维护方法。</td></tr>
<tr><td>教学重、难点及解决办法</td><td colspan="5">重　　点：数字示波器的维护方法。
难　　点：数字示波器的使用方法。
解决办法：学生在熟练使用模拟双踪示波器的基础上，较容易掌握数字示波器的使用方法。但是，对于一些数字示波器特有的按键、使用方法以及进一步的操作，教师必须做好演示，将其讲透、讲清。</td></tr>
<tr><td>授课教具</td><td colspan="5">数字示波器、多媒体教学设备。</td></tr>
<tr><td>授课方法</td><td colspan="5">讲授法，直观演示法，实物展示法。</td></tr>
<tr><td>教学思路和建议</td><td colspan="5">作为电气工程人员，使用数字示波器是其必须掌握的基本技能。对于数字示波器的使用，首先要讲清其面板的结构组成和各按键的作用，其次通过演示的方法，带领学生操作示波器，以达到教学的目标。</td></tr>
<tr><td>审批意见</td><td colspan="5">签字：
年　月　日</td></tr>
</table>

教学活动		
教学过程与教学内容	教师活动	学生活动
【课前准备】 1. 巡查教学环境。 2. 督促学生将手机关机，集中放入手机袋，统一保管。 3. 指导学生自查课堂学习材料的准备情况。 4. 发放习题册。 5. 考勤。	督促学生完成课前准备。（课前2 min内）	按要求完成课前准备。
【复习提问】 1. 数字示波器与模拟示波器的不同之处是什么？ 2. 数字示波器的工作过程是怎样的？ 3. 数字示波器应用自动设置的要求是怎样的？	提出问题，分别请3位学生作答。（5 min左右）	思考并回答问题。
【教学引入】 数字示波器通过模拟转换器把被测信号转换为数字信号，捕获波形的一系列样值，并对样值进行存储，存储限度是到累计的样值能够描绘出波形为止，随后数字示波器重构波形。 【讲授新课】 **二、数字示波器的使用** 2. 垂直系统的进一步设置 数字示波器提供两个模拟输入通道，每个通道有独立的垂直菜单，每个项目都按不同的通道分别进行设置。 （1）垂直通道耦合设置 以信号通过CH1通道为例，被测信号是一含有直流分量的正弦信号。 按“F1”键选择交流，设置为交流耦合方式，被测信号中的直流分量被阻隔。 按“F1”键选择直流，设置为直流耦合方式，被测信号的直流分量和交流分量都可以通过。	利用实物和PPT授课。（55 min左右） 提示：可以采用直观演示、提问等方式进行。 提示：充分利用本教材提供的微视频，结合讲课内容和实训要求展开授课。 提示：可通过实物操作，边操作边讲解。	听讲，做笔记，回答教师提问，观看教师的实物演示，加深对知识点的理解。 对新知识进行必要的记录。

教学过程与教学内容	教师活动	学生活动
按“F1”键选择接地，设置为接地耦合方式，被测信号的直流分量和交流分量都被阻隔。 （2）垂直通道带宽限制 以一个40 MHz左右的正弦信号通过CH1通道为例，按“CH1”键打开CH1通道，然后按“F2”键，关闭带宽限制，此时通道带宽为全带宽，被测信号含有的高频分量都可以通过。 再次按“F2”键，打开带宽限制，此时被测信号中高于20 MHz的噪声和高频分量被大幅度衰减。 （3）设置探头衰减系数 为了配合探头衰减倍率，需要在通道操作菜单中进行相应的设置。若探头上的旋钮置于“10×”，则通道菜单中探头衰减系数相应设置为“10×”，以此类推。 （4）调节垂直偏转系数 垂直偏转系数的伏/格挡位调节分为粗调和细调两种模式。在粗调时，伏/格范围是1 mV/Div～20 V/Div，以1–2–5方式步进；在细调时，则在当前垂直挡位范围内以更小的步进改变偏转系数，从而使垂直偏转系数在所有垂直挡位内无间断地连续可调。 （5）反相 波形反相即显示信号的相位翻转180°。 3. 水平系统的进一步设置 （1）水平扫描 X–T方式。 X–Y方式。 慢扫描模式。 SEV/DIV。 （2）视窗扩展		

教学过程与教学内容	教师活动	学生活动
视窗扩展被用来放大一段波形，以便查看图像细节。视窗扩展的设定不能慢于主时基的设定。 4. 触发系统的进一步设置 触发决定了数字示波器何时开始采集数据和显示波形。一旦触发被正确设定，它可以将不稳定的显示转换成有意义的波形。 （1）触发系统 1）触发源：触发可从多种信号源中得到，如输入通道（CH1、CH2）、外部触发（EXT）和市电。 2）触发方式：决定数字示波器在无触发事件情况下的行为方式，有自动触发、正常触发和单次触发三种触发方式。 3）触发耦合：决定信号的何种分量被传送到触发电路。耦合类型包括直流、交流、低频抑制和高频抑制。 4）预触发 / 延迟触发：触发事件之前 / 之后采集的数据。 （2）触发控制的方式 触发控制的方式分为边沿触发、脉宽触发和交替触发。 5. 数字示波器的应用示例 （1）测量简单的信号 观测电路中一未知信号，迅速显示并测量信号的电压峰–峰值和频率。 （2）观察正弦波信号通过电路时产生的延时 **三、数字示波器的维护** 1. 系统提示信息说明 （1）调节已到极限：提示在当前状态下，多用途旋钮的调节已达到极限，不能再继续调整。 （2）Saving：当波形正在存储时，屏幕显示该提示，并在提示下方出现进度条。	提示：可通过实物操作，边操作边讲解。	

教学过程与教学内容	教师活动	学生活动
（3）Loading：当波形正在调出时，屏幕显示该提示，并在提示下方出现进度条。 2. 简单故障排除 （1）无波形 （2）电压测试错误 （3）不触发 （4）刷新慢 （5）波形显示呈阶梯状		
【课堂小结】 带领学生围绕以下问题，对本节课所学内容进行小结。 1. 数字示波器与模拟示波器的不同之处是什么？ 2. 数字示波器的工作过程分为哪几个阶段？ 3. 垂直系统的初步设置和进一步设置是怎样的？ 4. 水平系统的初步设置和进一步设置是怎样的？ 5. 触发系统的初步设置和进一步设置是怎样的？	简明扼要地回顾本节课所学的知识要点，突出本节课的知识重点和难点。（10 min 左右）	听讲，做笔记。有问题可以现场提问。
【课后作业】 习题册 P60 ~ 63　一、4 ~ 7　二、3 ~ 4　三、3 ~ 5　四、2 ~ 5	着重点评上节课作业共性的问题。发布本节课的作业，提醒学生需要注意之处。（5 min 左右）	对照自己的习题册，若有问题可以课后咨询。

实训 15 函数信号发生器与示波器的使用

<table>
<tr><td colspan="5">教案首页</td></tr>
<tr><td>序号</td><td>57</td><td>名称</td><td colspan="2">函数信号发生器与示波器的使用</td></tr>
<tr><td colspan="3">授课班级</td><td>授课日期</td><td>授课时数</td></tr>
<tr><td colspan="3"></td><td>年 月 日</td><td>2</td></tr>
<tr><td colspan="3"></td><td>年 月 日</td><td>2</td></tr>
<tr><td>教学目标</td><td colspan="4">通过本节课的教学，使学生达到以下要求：
1. 掌握函数信号发生器的使用方法，熟悉各旋钮、按键的作用。
2. 掌握模拟示波器的使用方法，熟悉各旋钮、按键的作用。
3. 掌握数字示波器的使用方法，熟悉各旋钮、按键的作用。</td></tr>
<tr><td>教学重、难点及解决办法</td><td colspan="4">重　　点：模拟示波器的使用方法。
难　　点：1. 函数信号发生器的使用方法。
2. 数字示波器的使用方法。
解决办法：通过演示和巡回指导，示范以上仪器的使用方法和步骤，演示实际接线操作，解决以上问题。</td></tr>
<tr><td>授课教具</td><td colspan="4">实训实验器材、多媒体教学设备。</td></tr>
<tr><td>授课方法</td><td colspan="4">讲授法，直观演示法，实验法。</td></tr>
<tr><td>教学思路和建议</td><td colspan="4">对于实训实验课程，首先讲清实训实验的目的，其次介绍使用的实训实验器材，然后进行演示操作，最后由学生进行操作，教师巡回指导。只有这样，才能达到实训实验的目的。</td></tr>
<tr><td>审批意见</td><td colspan="4">签字：
年　月　日</td></tr>
</table>

教学活动		
教学过程与教学内容	**教师活动**	**学生活动**
【课前准备】 1. 巡查教学环境。 2. 督促学生将手机关机，集中放入手机袋，统　保管。 3. 指导学生自查课堂学习材料的准备情况。 4. 发放习题册。 5. 考勤。	督促学生完成课前准备。（课前2 min内）	按要求完成课前准备。
【复习提问】 1. 数字示波器的水平扫描有哪些方式？ 2. 数字示波器的垂直通道耦合有哪些设置？ 3. 数字示波器触发系统的触发源有哪些？	提出问题，分别请3位学生作答。（5 min左右）	思考并回答问题。
【教学引入】 将函数信号发生器、双踪示波器、数字示波器和实训实验器材组合，按照实训的内容和要求进行操作。	利用实物和PPT授课。（55 min左右）	听讲，做笔记，回答教师提问，观看教师的实物演示，加深对知识点的理解。
【讲授新课】 **一、实训内容及步骤** 1. 外观检查 2. 熟悉各仪器面板上旋钮和按键的作用 3. 开启示波器电源开关 预热示波器一段时间后，调节其有关旋钮，使显示屏中央出现一条适当亮度的清晰水平线。 4. 使用函数信号发生器、模拟示波器和数字示波器 （1）将函数信号发生器的接地端与示波器的接地端相连，将函数信号发生器的输出电压端接在示波器的 CH1 输入端。接通函数信号发生器的电源开关，按照函数信号发生器基本波形输出的调试方法和步骤，将函数信号发生器的频	提示：充分利用本教材提供的微视频，结合讲课内容和实训要求展开授课。	对新知识进行必要的记录。

教学过程与教学内容	教师活动	学生活动
率调至 1 kHz，输出电压逐渐加大到适当幅度，使示波器的显示屏上显示出被测波形。按照示波器的应用示例方法，使示波器显示屏上出现稳定的正弦波形。 （2）保持示波器设置不变，将函数信号发生器的频率分别调到 1 kHz、500 Hz 和 50 Hz，观察、绘制频率的波形，记录在教材表 8–4–2 中，并分析这三种频率波形的区别。 5. 清理场地并归置物品 **二、实训注意事项** 一定要检查电路连接是否正确，并经实训指导教师同意后方能进行通电实训。 **三、实训测评** 根据教材表 8–4–3 中的评分标准对实训进行测评，并将评分结果填入表中。		
【课堂小结】 带领学生围绕以下问题，对本节课所学内容进行小结。 1. 函数信号发生器的使用方法是怎样的？ 2. 双踪示波器的使用方法是怎样的？ 3. 数字示波器的使用方法是怎样的？	简明扼要地回顾本节课所学的知识要点，突出本节课的知识重点和难点。（10 min 左右）	听讲，做笔记。有问题可以现场提问。
【课后作业】 复习本次实训课的内容，简述函数信号发生器、双踪示波器、数字示波器的使用方法。	着重点评上节课作业共性的问题。发布本节课的作业，提醒学生需要注意之处。（5 min 左右）	对照自己的习题册，若有问题可以课后咨询。